五味調和
是極意

히데코의 사계절 술안주

秋 사케편

나카가와 히데코 지음

맛있는 책방

히데코의
사계절 술안주

秋 사케편

2판 1쇄 2021년 7월 1일(1500부)

지은이 나카가와 히데코

편집 김나영
교열 조진숙
사진 강수경
푸드스타일링 101 Recipe
디자인 렐리시 Relish, 공간42
인쇄 규장각

펴낸이 장은실(편집장)
펴낸곳 맛있는책방
서울 마포구 창전동 149-1 동원스위트뷰 614호
e-mail esjang@tastycb.kr

tastycookbook

ISBN 979-11-91671-01-8 13590

히데코의 사계절 술안주

秋 사케 편

PROLOGUE

아버지는 프렌치 요리사이지만 고가의 보르도 와인보다 사케를 더 좋아하신다. 사춘기에 접어들면서 부엌 어딘가에 아버지를 위한 사케가 항상 숨겨져 있다는 사실을 알게 되었다. 80세를 넘긴 아버지는 지금도 저녁 식사와 함께 마신 맥주나 와인이 부족할 때면 어김없이 집 어딘가에 숨겨진 사케 한됫병을 끌어안고 빙그레 웃으며 남편과 내 앞에 나타나신다. 사케에 대한 고집이 있어 항상 동네 슈퍼에서 파는 싼 술이 아니라 주조가가 정성 들여 만든 '제대로 된 한 병'을 사 오신다.

그 탓일까. 커다란 사케병에서 풍기는 아저씨의 느낌과 프렌치 요리사 같지 않은, 어딘가 모르게 촌스러운 아버지의 이미지 때문에 나는 사케를 그다지 좋아하지 않았다. 지금껏 사케는 요리에만 사용된다는 이미지가 있었는데 2000년대에 들어서면서 사케의 새로운 모습이 나타나기 시작했다. 오래된 주조법에서 탈피한 새로운 브랜드가 생겨났고 젊은 주조가들에 의해 스타일리시한 이미지가 만들어졌다.

한국에서 요리를 가르치면서 어릴 때 그다지 좋아하지 않던 일식의 심플한 맛을 깨닫게 된 지금, 아버지가 반주로 드시던 사케의 맛을 나 역시 이제는 잘 알게 되었다. 와인 마리아주 공부를 계기로 최근에는 '사케와 생선회'라는 뻔한 공식에 얽매이지 않고 사케와 새로운 안주 조합에 도전하고 있다.

이제까지 화이트 와인이나 스파클링 와인에 맞춰 내오던 스페인 음식 파에야에 긴조슈 타입이나 나마자케를 조합해보기도 하고 숙성주의 경우 디저트 와인인 포트와인 대신 바닐라 아이스크림에 끼얹어 먹어보기도 했다. 사실 마리아주를 생각할 때는 과학적 사고 회로가 굉장히 필요한데 뼛속부터 문과인인 나에게는 알면 알수록 어려운 분야다.

그래서 내 나름대로 법칙을 만들었다. 우선 요리는 식재료와 조미료로 나눠 생각하기로 했다. 비슷한 재료는 조화를 잘 이룬다는 점도 잊지 말아야 할 포인트다. 진한 맛의 식재료는 진한 조미료에 감칠맛이 나는 술이 좋고 반대로 깔끔한 식재료에는 산뜻한 맛을 가진 조미료와 술을 곁들이는 식이다. 두 번째로 사케는 가벼운 술(차가운 술, 긴조슈, 혼조조슈 타입), 적당히 무게감이 있는 술(따뜻한 술, 혼조조슈, 준마이슈), 무거운 술(데운 술, 원주, 숙성주) 이렇게 세 가지로 나눴다.

양질의 지역 특산 사케는 한국에서 굉장히 고가이다. 만약 준마이다이긴죠슈를 큰 마음먹고 사왔는데, 안주가 맛이 없다! 하면 이런 방법을 써보자. 첫째, 요리를 바꾼다. 생선회만으로 부족할 때는 찌개나 튀김처럼 요리의 형태를 바꿔본다. 둘째, 조미료를 바꾼다. 생선회 옆에 곁들인 간장소스에 레몬즙을 첨가하거나 오일, 향신료를 더한다. 셋째, 술잔을 바꾼다. 술의 맛이나 향이 과하다고 느껴지면 입구가 넓은 술잔이나 술병으로 바꾼다. 넷째, 손으로 데운다. 요리에 어울리는 술이 따뜻해야 할 경우, 술 자체를 도중에 다시 뜨겁게 데우는 일은 귀찮기도 하고 매번 가게 사람에게 부탁하기 미안할 때가 있다. 이때 이 방법을 추천한다. 다섯째, 물을 조금 탄다. 술 맛이 진하거나 무거울 때 물을 한두 방울 타서 마시면 훨씬 목넘김이 부드러워진다.

그러나 술은 '함께 하는 사람'에 따라서 그 맛이 확 달라지기 마련이다. 아버지의 커다란 사케병처럼 느긋하게 마시면서 요리도 하고 스스럼없이 취할 수 있는 집에서 마시는 술, 일명 집술이 이런 면에서는 최고일 것이다. 맥주나 와인처럼 특별한 법칙이 없는 사케는 입맛에만 맞으면 다양한 식재료와 조리법과도 무난한 조화를 이루기 때문에 언제든 맛있게 마실 수 있는 술이다. 이번 책에서 다룬 레시피는 기본적으로 흔히 접할 수 있는 재료를 사용해서 많은 시간이 필요하지 않다. 이것이 집술의 규칙이다. 기쁨을 느끼게 하는 숨겨진 술과 안주의 조화는 여전히 많다.

히데코의 사계절 술안주 시리즈 2편의 출간을 앞두고 기획부터 편집, 광고까지 도맡아 준 맛있는책방의 스태프들에게 감사를 표하고 싶다. 그리고 이번 사케 편에 도움을 준 101recipe의 김가영 실장님, 사진 촬영을 위해 부산에서부터 달려와준 강수경 실장님, 그리고 구르메레브쿠헨의 조리 스태프들 모두에게 감사함을 전하며 맛있는 사케 건배로 그분들의 노고를 위로하고자 한다.

○ Contents

Part 1 純米 쥰마이

Part 2 吟醸 | 大吟醸 긴죠 | 다이긴죠

Part 3 本醸造 혼죠조

Part 4 長期熟成酒 | 原酒 장기숙성주 | 겐슈

Part 5 生酒 나마자케

이 책을 읽는 법

⌽ 쥰마이

요리를 사진으로
먼저 만나보세요.

스페인 갈리시아 지방의
문어 감자 요리

요리교실에서 몇 번이나 만들었는지 모를 스페인의 문어 요리예요. 스페인에서는 과일 향이 나는 화이트 와인과 함께 먹지만 이번에는 쌀의 누룩 향과 감칠맛을 느낄 수 있는 쥰마이와 같이 즐겨봤어요. 이 조합을 꼭 스페인 친구들한테 맛보게 해야 하는데…

28

요리에 대한 간단한
설명을 담았어요.

이 요리에 잘 어울리는
사케를 소개했어요.

종류 쥰마이
도수 16%
지역 효고현
효고현의 쌀 '유메니시키'만을 사용해 만든다. 좋은 산미 덕분에 매끄러운 뒷맛이 일품으로 차갑게 마셔도, 데워 마셔도 좋아 다양한 온도로 즐길 수 있다.

Ingredients 4인분

● 주재료
돌문어 1kg, 굵은 소금 4T + 1T, 감자 4개, 물 3L, 월계수잎 1장

● 양념
올리브유 적당히, 파프리카 파우더 약간, 소금 약간

• 레시피에 적힌 순서대로 재료를 넣으면 더욱 쉽게 요리할 수 있어요.

• 양념은 고체부터 액체 순으로 되어 있어 순서대로 넣으면 계량스푼을 씻을 필요가 없어요.

Recipe

1 › 생문어는 머리에 있는 내장과 입을 제거하고 굵은 소금으로 주물러 깨끗이 씻은 후 4시간 정도 냉동시킨다.

2 › 감자는 껍질을 벗겨 물에 담근다.

3 › 냄비에 물과 굵은 소금, 월계수잎을 넣고 끓인다. 냉동실에서 꺼낸 문어의 머리를 잡고 다리부터 데친다는 느낌으로 두 번 정도 담갔다 뺀 후 냄비에 완전히 넣어 약불에서 15분간 삶는다.

4 › **3**에 감자를 넣고 15분간 더 삶아 익힌다.

5 › 문어를 건져내 뜨거울 때 다리를 1cm 폭으로 자르고 감자도 1cm 두께로 썬다.

6 › 접시에 감자와 문어, 올리브유, 파프리카 파우더, 소금을 순서대로 뿌린다.

③
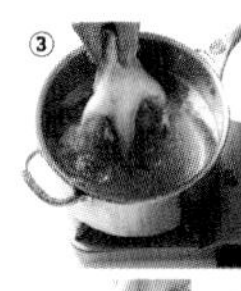

요리를 하면서 헷갈릴 수 있는 과정을 사진으로 한 번 더 소개했어요.

문어의 섬유질을 파괴해 식감을 부드럽게 하기 위해 문어를 손질한 후 냉동실에 넣었다가 삶아요.

29

참고하면 좋은 것들이나
요리를 도와줄 팁을 더했어요.

계량

맛있는 요리를 완성하는 비법은 정확한 계량이죠? 다양한 종류의 식재료 계량법을 알려드립니다.

1컵=200ml, 1T=15ml, 1t=5ml

• 가루류

설탕, 소금, 밀가루 등의 가루류는 꾹꾹 누르지 않고 깎아서 계량하세요. 가볍게 뜬 후 젓가락으로 윗면을 깎아주세요.

컵	테이블스푼(T)	티스푼(t)

• 액체류

간장, 식초 등 액체류는 수평을 유지한 상태에서 표시선을 읽으며 계량해주세요.

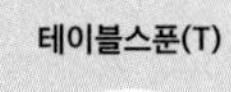

컵	테이블스푼(T)	티스푼(t)

• 소스류

토마토 퓌레와 같이 덩어리가 있는 소스는 덜어낸 후 윗면을 깎아서 계량해주세요.

컵	테이블스푼(T)	티스푼(t)

한 줌 계량

채소나 국수 등은 간단하게 손을 이용해 계량하기도 해요. 가볍게 한 줌 잡았을 때의 무게를 알려드려요.

잎사귀가 넓고 부피가 큰 채소류
(로메인, 양상추 등) 50g

길이가 긴 채소류
(미나리 등) 50g

국수류(쌀국수, 소면 등)
50g

가츠오부시
20g

잎이 넓은 허브류
(바질, 민트 등) 10g

버섯류
50g

다시 만들기

한국 요리는 물론이고 서양 요리나 일본 요리에도 다양한 육수가 쓰여요. 일본에서는 육수를 다시라고 하는데요, 책에서 소개한 레시피에 다양하게 쓰이는 다시를 정리해봤어요.

1. 가츠오 다시

재료 다시마 5×5cm 5장, 가츠오부시 10g, 물 1L

1. › 다시마를 마른 행주로 닦아 찬물에 30분간 담근다.

2. › 다시마 담근 물을 센 불로 끓이다가 70~80℃ 정도 되면 다시마를 건져낸다.

3. › 가츠오부시를 넣고 한소끔 끓인 후 바로 건져낸다.

4. › 다시를 면포에 맑게 걸러낸 후 이용한다.

Tip 가츠오부시는 맑은 국을 만들 때는 1~2분간, 조림 요리를 만들 때는 3~4분간 우려내는 것이 좋습니다.

Tip 이렇게 만든 다시는 일주일간 냉장고에 보관해두고 먹을 수 있어요. 바로 먹지 않을 거라면 냉동실에 보관해주세요.

2. 다시마 다시

재료 다시마 5x5cm 4장, 물 1.5L

1. › 다시마를 마른 행주로 닦아 분량의 물에 넣는다.

2. › **1**을 냉장고에 넣고 8시간이 지나면 다시마를 건져낸다.

3. 다시마 표고버섯 다시

재료 다시마 5x5cm 2장, 건표고버섯 2개, 물 1L

1. › 다시마를 마른 행주로 닦고 건표고버섯과 함께 분량의 물에 넣는다.

2. › **1**을 냉장고에 넣고 8시간이 지나면 다시마와 표고버섯을 건져낸다.

4. 멸치 다시

재료 다시마 5×5cm 1장, 멸치 5g, 물 500ml

1. › 분량의 물에 다시마와 멸치를 30분간 담근다.

2. › 중불로 7~8분간 끓인 후 다시마를 먼저 건져낸다.

3. › 5분 후 멸치를 건져낸 후 면포에 걸러낸다.

사케병 라벨 읽는 법

라벨에는 사케에 대한 많은 내용이 담겨 있어요. 이름이나 등급뿐만 아니라 주의 사항, 원료 등 다양한 정보를 알 수 있죠. 어느 부분을 읽어야 원하는 정보를 찾을 수 있는지 알려드릴게요. 알고 마시면 그 즐거움이 배가되어요!

1 제품명

- 사케의 이름이 적혀 있습니다.

2 등급

- 긴죠, 준마이긴죠 등 정미율에 따른 분류로 이 부분을 읽으면 이 술이 어떤 술인지 알 수 있습니다.

3 알코올 도수

- 이 사케가 몇 도인지 알 수 있습니다. 다만 사케는 일본 기준으로 알코올 도수가 22도 미만입니다.

4 제조업자

- 제조업자의 이름 또는 상호 등을 소개합니다.

5 원재료명

- 사용한 원재료를 많이 사용한 순서대로 적었습니다. 쌀, 물, 누룩, 양조알코올 등을 이용합니다.

6 용기의 용량

- 사케의 용량을 알 수 있습니다. 보통 720~1800ml로 다양한 용량의 사케가 있습니다.

7 주의 사항

- 보통은 미성년자, 임산부에 대한 주의 사항이 적혀 있으나 열처리를 하지 않은 생주의 경우 보관하는 법이나 마실 때의 유의 사항이 적혀 있습니다.

8 제조 시기

- 병주입한 날짜를 표기합니다.

9 원재료의 품종명

- 사케에 따라 다른 쌀을 사용하기 때문에 어떤 쌀을 사용했는지 적혀 있습니다. 다만 원료가 되는 쌀의 사용 비율이 50%가 넘는 경우에만 표기가 가능합니다.

10 산도, 효모

- 이 사케의 산도와 사용한 효모가 적혀 있습니다. 산도가 높으면 맛이 진하고 쌉싸름해집니다.

11 원주

- 양조 후 물을 추가하지 않은 사케인 겐슈에만 표시되어 있는 부분입니다. 알코올 도수를 조절하지 않았다는 뜻이기도 합니다.

12 제조자가 원하는 말을 적습니다. 사케의 특성이라거나 맛에 대한 요소 등 손님에게 전하고 싶은 이야기입니다.

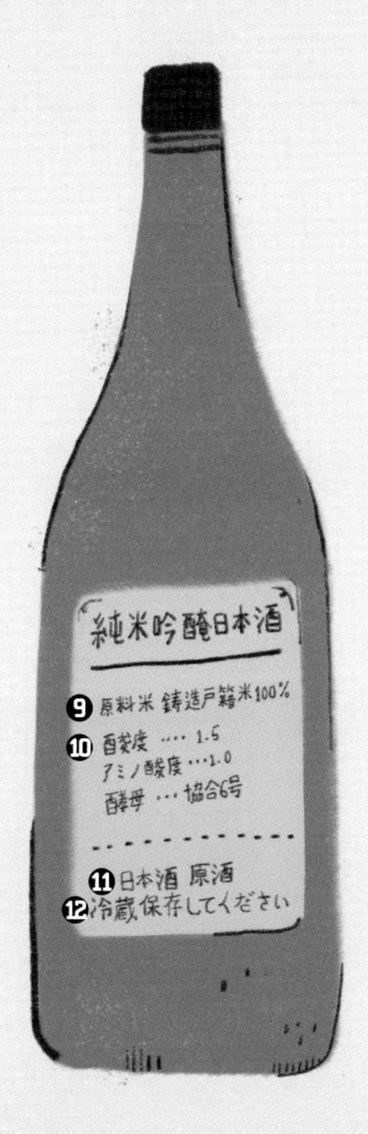

사케의 분류

사케는 원료와 정미율로 분류해요. 다양한 사케의 분류법을 한눈에 볼 수 있게 표로 정리해보았습니다.

특정 명칭	사용 원료	정미율	누룩쌀 사용 비율	요건
긴죠슈 (吟釀酒)	쌀, 쌀누룩, 양조알코올	40% 이상	15% 이상	긴죠 제조, 고유의 향, 색깔이 양호
다이긴죠슈 (大吟釀酒)	쌀, 쌀누룩, 양조알코올	50% 이상	15% 이상	긴죠 제조, 고유의 향, 색깔이 특히 양호
쥰마이슈 (純米酒)	쌀, 쌀누룩	-	15% 이상	향, 색깔이 양호
쥰마이긴죠슈 (純米吟釀酒)	쌀, 쌀누룩	40% 이상	15% 이상	긴죠 제조, 고유의 향, 색깔이 양호
쥰마이다이긴죠슈 (純米大吟釀酒)	쌀, 쌀누룩	50% 이상	15% 이상	긴죠 제조, 고유의 향, 색깔이 특히 양호
토쿠베츠쥰마이슈 (特別純米酒)	쌀, 쌀누룩	40% 이상	15% 이상	향, 색깔이 특히 양호
혼죠조슈 (本釀造酒)	쌀, 쌀누룩, 양조알코올	30% 이상	15% 이상	향, 색깔이 양호
토쿠베츠혼죠조슈 (特別本釀造酒)	쌀, 쌀누룩, 양조알코올	40% 이상	15% 이상	향, 색깔이 특히 양호

사케를 즐기는 다양한 방법

사케의 가장 큰 특징 중 하나는 다양한 온도와 방법으로 즐길 수 있다는 것이에요. 어떤 방법으로 사케를 즐길 수 있는지 소개합니다.

• 온도에 따른 방법

사케를 즐기는 온도에 따라 부르는 이름이 다릅니다.

명 칭		온 도
차게(冷酒)	유키비에(雪冷え)	5℃
	하나비에(花冷え)	10℃
	스즈비에(涼冷え)	15℃
상온(常温)	히야(冷や)	20~25℃
데워서(お燗)	히나타캉(日向燗)	30℃
	히토하다캉(人肌燗)	35℃
	누루캉(ぬる燗)	40℃
	죠캉(上燗)	45℃
	아츠캉(あつ燗)	50℃
	토비키리캉(飛び切り燗)	55~60℃

1) 차게(5~15℃): 주로 긴죠슈, 쥰마이슈에 추천
2) 상온(20~25℃): 쥰마이슈, 혼죠조슈에 추천
3) 데워서(30~60℃): 사케를 데우면 감칠맛이 증가해 차게 마시거나 상온으로 마실 때와는 또 다른 향을 즐길 수 있습니다.

• 온더록스 On the Rocks

더운 여름에 얼음과 라임을 넣어 마시면 더욱 상쾌한 맛을 즐길 수 있습니다. 겐슈와 생주에 적합합니다.

• 셔벗 Sherbet

주로 여름에 사케를 즐기는 방법으로 사케를 냉동고에 얼려 셔벗처럼 갈아서 마십니다.

• 하이볼 Highball

사케에는 탄산수나 소다, 콜라 등을 타서 마시는 재미도 있죠. 우롱차를 넣은 '사케우롱하이'도 있으므로 알코올에 약한 분들은 자신이 좋아하는 음료를 넣어 하이볼을 만들어보기를 추천합니다.

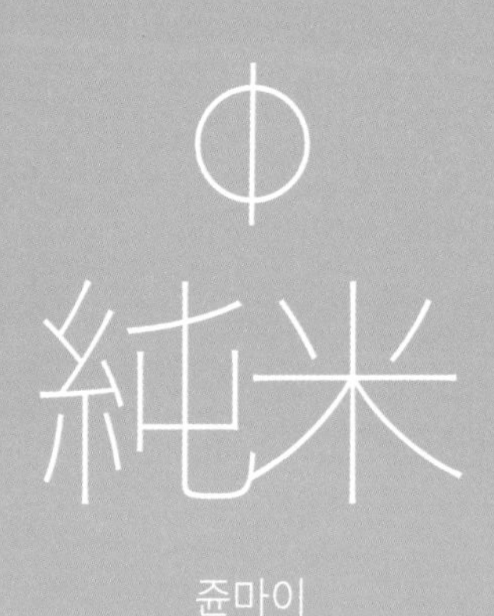
純米
쥰마이

쥰마이슈는 긴죠슈와 달리 정미율 규정이 없으며 양조알코올을 첨가하지 않고 만드는 것을 기준으로 하는 사케입니다. 단, 예외적으로 토쿠베츠쥰마이(特別純米)는 40% 정미한 쌀만을 이용해야 합니다. 각 양조장마다 대표적인 상품으로 쥰마이슈를 제조하기 때문에, 양조장의 특성을 파악할 수 있습니다. 또한 따뜻하게 데워 먹는 사케인 칸자케로 마시기에 적합한 술입니다.

간단 노각볶음

사케와 한식의 궁합에 대해 고민하고 있었더니 제 스승님이 이번에도 살짝 힌트를 주셨습니다. 특별할 것 없는 노각 요리지만 소금에 절인 다음 살짝 볶으면 노각의 신맛이 쥰마이의 단맛과 정말 잘 어울립니다.

종류 토쿠베츠쥰마이
도수 16%
지역 야마구치현

부드럽고 온화한 느낌의 산미와 풍부한 과일 향이 매력적이다. 지나치게 화려하거나 수수하지 않아 식사를 방해하지 않는 적당한 분위기의 향이 도드라진다.

Ingredients

4인분

● **주재료**

노각 ½개, 소금 1T, 식용유 1T, 참깨 약간

Recipe

1 > 노각은 껍질을 벗긴 후 길게 반으로 잘라 씨를 제거하고 얇게 반달 모양으로 썬다.

2 > **1**의 노각을 볼에 넣고 소금을 뿌려 주무른다. 물이 살짝 나오면 체에 받쳐 물기를 뺀다.

3 > 달군 팬에 식용유를 두르고 강불로 빠르게 볶는다.

4 > 그릇에 담고 참깨를 뿌린다.

Tip

노각을 구하기 어려울 때는 오이로 만들어도 좋아요.

②

다시마키 타마고

요리교실에서도 자주 소개하는 일본식 달걀말이입니다. 실은 밥반찬보다 양조알코올을 첨가하지 않은 쥰마이 종류의 사케와 잘 어울리는 안주죠. 평소 만드는 달걀말이보다 소금을 더 넣어 쥰마이의 감칠맛과 아주 잘 어우러집니다.

종류 쥰마이
도수 15.5%
지역 니이가타현

니이가타의 사케용 쌀인 '코시단레이'와 '고하쿠만고쿠'를 사용해 쌀인 눈처럼 부드럽다. 멜론이나 망고 같은 열대과일의 향이 있어 마시면서 기분이 좋아지는 사케다.

Ingredients

2인분

● **주재료**

달걀 3개, 무 5cm, 식용유 적당량, 진간장 약간

● **양념**

소금 1t, 가츠오 다시 2T, 요리용 사케 1T

Recipe

가츠오 다시 레시피는 14p를 참고하세요.

1 › 볼에 달걀과 양념 재료를 넣고 거품이 안 나게 잘 섞는다.

2 › 무는 껍질을 벗겨 강판에 간다.

3 › 달군 팬에 식용유를 두르고 **1**의 달걀물을 ⅓ 정도 부어 중불로 굽기 시작한다. 세 번 정도 나눠 부으면서 타지 않게 만다.

4 › 불에서 내리면 김발로 말아 모양을 잡는다. 5분 정도 식힌 후 3cm 두께로 자르고 간 무를 곁들인다. 기호에 따라 무에 진간장을 뿌린다.

네모난 달걀말이 전용 팬이 있으면 두툼하게 구울 수 있어요. 무엇보다 불 조절이 포인트!

건오징어볶음

건오징어는 그냥 굽기만 해도 술안주로 최고지만
올리브유에 볶아 생강채를 곁들여 안주를 만들어봤어요.
참고로 마늘과 같이 볶으면 화이트 와인에도 잘
어울린답니다.

종류 토쿠베츠쥰마이
도수 16%
지역 나라현

입에 품으면 온화한 감칠맛이 퍼진 후 경쾌한 산미가 느껴지는 매력적인 사케. 1회 열처리한 나마즈메로 신선함이 그대로 살아 있다.

Ingredients 2인분

● 주재료

건오징어 1마리, 생강 2톨, 올리브유 2T, 소금 ½t

Recipe

1 › 건오징어는 가위를 이용해 먹기 좋은 크기로 잘라 물에 불린 뒤 체에 받쳐 물기를 뺀다.

2 › 생강은 얇게 채 썰어 물에 담근다.

3 › 달군 팬에 올리브유를 두르고 불린 오징어를 볶다가 소금으로 간한다.

4 › **3**을 그릇에 담고 물기를 뺀 생강을 얹는다.

반건조 오징어로 만들면 더욱 맛있어요. 반건조 오징어는 물에 불리지 않고 그냥 볶는 것이 좋아요.

스페인 갈리시아 지방의 문어 감자 요리

요리교실에서 몇 번이나 만들었는지 모를 스페인의 문어 요리예요. 스페인에서는 과일 향이 나는 화이트 와인과 함께 먹지만 이번에는 쌀의 누룩 향과 감칠맛을 느낄 수 있는 쥰마이와 같이 즐겨봤어요. 이 조합을 꼭 스페인 친구들한테 맛보게 해야 하는데…

종류 쥰마이
도수 16%
지역 효고현

효고현의 쌀 '유메니시키'만을 사용해 만든다. 좋은 산미 덕분에 매끄러운 뒷맛이 일품으로 차갑게 마셔도, 데워 마셔도 좋아 다양한 온도로 즐길 수 있다.

Ingredients

4인분

● **주재료**

돌문어 1kg, 굵은 소금 4T + 1T, 감자 4개, 물 3L, 월계수잎 1장

● **양념**

올리브유 적당량, 파프리카 파우더 약간, 소금 약간

Recipe

1 › 생문어는 머리에 있는 내장과 입을 제거하고 굵은 소금 4T을 넣고 주물러 깨끗이 씻은 후 4시간 정도 냉동시킨다.

2 › 감자는 껍질을 벗겨 물에 담근다.

3 › 냄비에 물과 굵은 소금 1T, 월계수잎을 넣고 끓인다. 냉동실에서 꺼낸 문어의 머리를 잡고 다리부터 데친다는 느낌으로 두 번 정도 담갔다 뺀 후 냄비에 완전히 넣어 약불에서 15분간 삶는다.

4 › **3**에 감자를 넣고 15분간 더 삶아 익힌다.

5 › 문어를 건져내 뜨거울 때 다리를 4cm 폭으로 자르고 감자도 1cm 두께로 썬다.

6 › 접시에 감자와 문어를 올리고 올리브유, 파프리카 파우더, 소금을 순서대로 뿌린다.

문어를 손질한 후 냉동실에 넣었다가 삶으면 식감이 더욱 부드러워요.

아몬드 소스를 곁들인 스페인식 미트볼

이것도 스페인 음식입니다. 미트볼 하면 보통 토마토소스를 생각하지만 바르셀로나 등 카탈루냐 지방에서는 아몬드 소스를 넣어 만들어요. 아몬드를 으깨 졸이면 토마토소스보다 훨씬 부드러운 맛의 미트볼이 완성된답니다. 차가운 쥰마이에 미트볼 한입 어떠세요?

종류 쥰마이
도수 18%
지역 니이가타현

사과를 떠올리게 하는 싱그러운 향과 쌀 특유의 감칠맛이 아스라히 살아 있는 사케다. 생선회 등 담백한 요리는 물론이고 맛이 다소 강한 요리와도 잘 어울린다.

Ingredients

2인분

● 주재료

소고기 다짐육 150g, 돼지고기 다짐육 150g, 바게트 1조각, 물 2T, 양파 ½개, 밀가루 약간, 올리브유 2T, 이탈리안 파슬리 약간

● 반죽 양념

다진 마늘 1t, 다진 파슬리 1T, 달걀 1개, 레몬즙 1T, 소금 1t, 후춧가루 약간

● 아몬드 소스

다진 아몬드 50g, 밀가루 1T, 다진 마늘 1T, 소금 1t, 올리브유 2T, 화이트 와인 50ml, 물 1컵, 후춧가루 약간

Recipe

1 › 바게트 조각에 물을 부어 부드러워지면 손으로 잘게 찢는다.

2 › 양파는 잘게 다진다.

3 › 볼에 다짐육과 바게트, 양파, 반죽 양념을 넣고 섞어 3cm 크기로 미트볼을 만든 후 밀가루를 묻힌다. 달군 팬에 올리브유를 두르고 미트볼을 넣어 겉만 노릇하게 구운 다음 그릇에 담는다.

4 › 미트볼을 익힌 팬에 올리브유를 두르고 뜨거워지면 아몬드, 밀가루, 다진 마늘을 볶다가 나머지 아몬드 소스 재료를 넣고 조린다.

5 › **4**에 미트볼을 넣고 5분간 더 조린다.

6 › 이탈리안 파슬리를 굵게 다져 장식한다.

아몬드 소스에 물 대신 육수나 우유를 넣고 끓이면 더 진한 맛이 나요. 사케에 따라 소스의 농도를 조절해보세요!

③

새우와 팽이버섯 버터볶음 돈부리

아주 간단한 돈부리, 즉 일본식 덮밥입니다. 담백한 재료에 간장을 넣고 만들어 감칠맛이 강한 쥰마이과 같이 먹으면 젓가락을 멈출 수 없을 거예요. 겨울에는 쥰마이를 45~50℃로 데워서 드셔보세요!

종류 쥰마이
도수 15%
지역 미국

안정된 맛을 자랑하는 사케다. 곡물의 감칠맛에 풋사과, 멜론의 은은한 과일 향이 가볍게 맴돌아 부담 없이 즐기기 좋다.

Ingredients

2인분

● **주재료**

새우 8마리, 요리용 사케 3T, 팽이버섯 1팩, 쪽파 2줄기, 버터 40g, 밥 2공기

● **양념**

요리용 사케 2T, 간장 2T, 후춧가루 약간

Recipe

1 › 새우는 껍질과 머리, 내장을 모두 제거하고 깨끗한 물로 씻은 후 사케를 뿌려 비린내를 잡는다.

2 › 팽이버섯은 뿌리 부분을 잘라내고 반으로 나눈다. 쪽파는 굵게 다진다.

3 › 팬에 버터를 녹이고 새우, 팽이버섯, 쪽파 순으로 넣어 볶다가 양념을 더해 섞고 조린다.

4 › 밥을 그릇에 담고 **3**을 얹어 완성한다.

Tip

센 불에서 빠르게 볶아야 재료에서 물기가 생기지 않아요.

쥰마이 돼지고기 샤브샤브 나베

일본에서는 쥰마이를 끓인 국물에 돼지고기를 넣고 샤브샤브처럼 익혀 먹지만 한국에서는 쥰마이가 비싸기 때문에 제 스타일로 다시마를 넣은 쥰마이 국물을 만들었습니다. 쌀의 단맛이 강한 쥰마이에 어울리게 약간 매운맛의 소스를 곁들여봤어요.

千代むすび 特別純米
치요무스비 토쿠베츠쥰마이

종류 토쿠베츠쥰마이
도수 15.5%
지역 돗토리현

사케용 쌀인 '고하쿠만코쿠'로 만들어 화려한 과일 향이 특징이다. 디저트 같은 단맛과 힘 있고 묵직한 맛이 어우러져 야키토리나 어묵, 생선 요리와 함께 즐기기 좋다.

Ingredients

4인분

● **주재료**

샤브샤브용 삼겹살 300g, 부추 1단, 숙주나물 2봉지, 쪽파 약간, 고수 약간, 레몬(또는 유자) 약간

● **국물**

물 3컵, 요리용 사케 3컵, 다시마 5×5cm 1장

● **소스 A**

진간장 3T, 올리브유 1T, 후춧가루 약간

● **소스 B**

다진 마늘 1t, 고추장 2T, 국간장 1t, 매실청 2t, 참기름 1t

● **소스 C**

유즈코쇼 1T, 참기름 1t

Recipe

1 › 삼겹살은 3등분하고, 부추는 10cm 길이로 자른다. 숙주나물은 씻어 물기를 뺀다.

2 › 쪽파는 잘게 썰고, 고수는 굵게 다진다. 레몬은 반달 모양으로 자른다.

3 › 소스 A, B, C의 재료를 각각 섞어 종지에 따로 담아둔다.

4 › 전골 냄비에 국물 재료를 넣고 중불로 끓인다. 끓기 시작하면 숙주나물, 부추, 삼겹살 순으로 넣고 살짝 데치듯 익힌다.

5 › 앞접시에 담아 쪽파, 고수를 기호에 따라 넣고 소스를 뿌려 먹는다. 레몬즙을 약간 뿌린다.

삼겹살 대신 지방이 적은 등심이나 목살을 사용해도 좋아요.

*

유즈코쇼를 구하기 어려우면 직접 만들어보세요! 씨를 빼고 다진 청양고추 10개와 영귤껍질 200g, 소금(손질한 재료의 30%)을 믹서에 넣고 곱게 갈아요. 냉장고에서 일주일간 숙성시킨 후 먹어요.

와후파에야

요리교실 대표 메뉴인 스페인의 전통 쌀 요리 파에야. 수강생들이 일본식으로 양념한 이 파에야를 정말 좋아해요. 여기에서는 바지락을 넣었지만 꼬막, 모시조개, 홍합 등 조개 종류를 바꿔 다양하게 만들어보면 파에야 맛도 정말 달라져요!

종류 토쿠베츠쥰마이
도수 16%
지역 미야기현

당분이 적어 상쾌하고 시원한 맛의 토쿠베츠쥰마이로 지방이 많은 요리 맛을 한층 더 맛있게 해주는 깨끗한 맛의 사케. 감귤계 과일의 부드러운 향기와 여운을 남기는 목넘김이 특징이다.

Ingredients

2인분

● **주재료**

쌀 2컵, 오징어 1마리, 새우 8마리, 바지락 400g, 닭날개 300g, 마늘 2쪽, 양파 ½개, 연근 5cm, 표고버섯 3개, 아스파라거스 5개, 올리브유 2T, 다시마 다시 3컵, 소금·후춧가루 약간씩

● **양념**

소금 1/3t, 연한 간장 4T, 미림 1T, 후춧가루 약간

Recipe

Tip

다시마 다시 레시피는 14p를 참고하세요.

1 › 오징어는 밑손질해 링 모양으로 자르고, 새우는 내장만 이쑤시개로 제거하고 껍질째 사용한다. 바지락은 해감한 다음 깨끗이 씻는다.

2 › 닭날개는 씻어 물기를 닦은 후 소금, 후춧가루를 뿌린다.

3 › 마늘, 양파는 잘게 다진다. 연근은 얇게 은행잎 모양으로 썰고, 표고버섯은 채 썬다. 아스파라거스는 밑손질해 소금물에 1분만 데친다.

4 › 쌀은 씻어 물기를 뺀다.

5 › 달군 팬에 올리브유를 두르고 양파, 마늘 순으로 볶다가 향이 나면 닭날개, 오징어, 새우, 연근, 아스파라거스를 넣고 볶는다. 새우가 붉게 변하면 버섯을 넣고 소금으로 간한다.

6 › 쌀을 넣고 고루 저으며 볶다가 간장, 미림을 넣고 섞은 후 바지락을 얹는다. 다시마 다시를 붓고 센 불로 한소끔 끓인다.

7 › 파에야가 끓기 시작하면 뚜껑을 덮고 중불에서 2~3분간 끓인 후 뚜껑을 열어 약불에서 10분 정도 더 익혀 불을 끈다.

8 › 뚜껑을 덮어 뜸을 들인다. 먹기 직전 후춧가루를 뿌린다.

Tip

아스파라거스는 뿌리 부분을 오른손으로, 중간 부분을 왼손으로 잡고 꺾어 주세요. 딱딱한 부분은 버리고 필러를 이용해 껍질을 벗겨내요.

①

∅

吟醸 | 大吟醸

긴죠 | 다이긴죠

긴죠슈는 쌀의 겉면에 있는 성분인 단백질, 지질, 회분 등을
깎아내는 정미 작업을 거친 쌀을 주원료로 하는 고급 사케입니다.
주원료인 정미된 쌀과 쌀누룩에 물과 양조알코올(주정)을 첨가한 후
저온에서 서서히 발효합니다.
긴죠슈는 40% 정미한 쌀을 이용한 긴죠와 50% 정미한 쌀을 이용한
다이긴죠로 구분됩니다. 또한 양조알코올을 첨가하지 않고 순수
쌀과 쌀누룩으로만 양조한 것은 앞에 '쥰마이(쌀로만 만든)'를 붙여
쥰마이긴죠(純米吟醸), 쥰마이다이긴죠(純米大吟醸)라고 합니다.
긴죠와 다이긴죠는 화려한 향과 산뜻하고 경쾌한 끝 맛을 지니고
있으며, 쥰마이긴죠와 쥰마이다이긴죠는 풍성한 과일 향과 함께
누룩이 가진 감칠맛이 특징입니다. 다양하고 풍부한 맛을 느끼기
위해서는 와인잔을 이용해 마시는 것이 좋습니다.

하몽 세라노와 콩 샐러드

술과 음식의 조화를 중요하게 생각하는 사람들이 모이면 "사케는 역시 일본 요리와 가장 잘 어울린다"고 말합니다. 사실 사케를 마실 때 일본 요리가 제일 무난하긴 하지요. 하지만 스페인의 하몽을 이용한 콩 샐러드도 그에 못지않아요. 긴죠의 산뜻한 맛과 화이트와인 비네거의 산미가 잘 어울립니다.

종류 긴죠
도수 15.5%
지역 니이가타현

전 세계적으로 많은 사랑을 받고 있는 사케. 은은하며 투명한 감칠맛이 음식의 맛을 방해하지 않고 입안을 깔끔히 씻어주어 다음 잔을 재촉한다.

Ingredients

2인분

● 주재료

완두콩·강낭콩 등 생콩 2컵, 소금 ½t, 물 1L

하몽 세라노 80g, 양파 ½개, 토마토 2개, 바질 4장, 삶은 달걀 2개

● 드레싱

소금 ½t, 화이트와인 비네거 2T, 올리브유 4T, 후춧가루 약간

Recipe

1 › 소금을 넣은 끓는 물에 콩을 넣고 5분 정도 삶아 찬물에 담근다.

2 › 양파는 잘게 썰어 살짝 볶는다.

3 › 하몽과 토마토는 사방 2cm 크기로 자른다.

4 › 바질은 굵게 다지고, 삶은 달걀은 길게 4등분한다.

5 › 드레싱 재료를 섞는다.

6 › 볼에 삶은 콩, 볶은 양파, 하몽, 토마토, 바질을 넣고 잘 섞은 후 드레싱으로 버무린다.

7 › 접시에 담고 달걀을 얹는다.

①

Tip

하몽을 구하기 어려우면 이탈리아산 프로슈토나 국내산 로스트햄을 이용해보세요!

토마토와 생강 샐러드

간단히 만들 수 있는 여름 반찬이며 산뜻한 생강의 맛이 긴죠와 잘 어울려 좋아하는 안주이기도 해요. 겨울에는 긴죠를 돗쿠리(사케를 데우는 도자기병)에 담아 25℃ 정도로 중탕해 먹으면 또 다른 맛을 느낄 수 있을 거예요.

종류 쥰마이다이긴죠
도수 15%
지역 군마현

사과를 연상시키는 화려한 향 사이로 느껴지는 진하고 부드러운 단맛과 감귤계의 산미가 매력적이다. 쥰마이다이긴죠로 1회만 열처리를 거쳐 신선함을 그대로 담았다.

Ingredients

2인분

● **주재료**

토마토 1개, 생강 1톨, 가츠오부시 약간

● **드레싱**

설탕 ½t, 소금 ¼t, 식초 1T, 올리브유 1T, 후춧가루 약간

Recipe

1 › 토마토는 8등분하고, 생강은 채 썰어 물에 담근다.

2 › 드레싱 재료를 섞는다.

3 › 물기를 뺀 토마토와 생강을 드레싱과 함께 버무린 후 그릇에 담아 가츠오부시를 뿌린다.

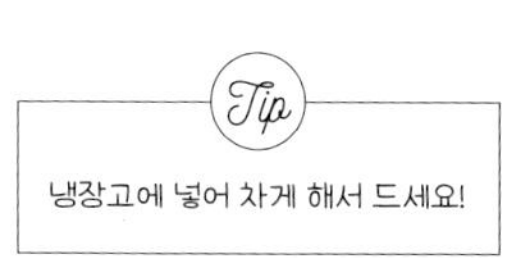

바냐카우다와 제철 채소

이탈리아 북부 피에몬테 지방의 요리인 바냐카우다는 이탈리아어로 '뜨거운 소스'라는 뜻입니다. 이 소스는 식탁 위에서 데우면서 채소를 찍어 먹는데, 주재료인 안초비와 생크림의 진한 맛이 상큼한 다이긴죠와 잘 어울립니다.

종류 쥰마이다이긴죠
도수 16.7%
지역 교토시

정미율 50%의 쥰마이다이긴죠 중 가장 많이 알려진 사케다. 사시미, 생선 구이 등 어느 음식과도 잘 어울리는 대중성을 갖추고 있다.

Ingredients

2인분

● **주재료**

안초비 5마리, 마늘 3쪽, 올리브유 3T,
당근·오이·감자·고구마 등 원하는 채소 적당히

● **양념**

생크림 ½컵, 된장 ½T, 후춧가루 약간

Recipe

1 › 냄비에 안초비와 마늘, 올리브유를 모두 넣고 약불로 끓인다.

2 › 안초비와 마늘이 끓기 시작하면 위아래 고루 섞은 후 은은한 향이 날 때까지 약불에서 끓인다.

3 › **2**에 생크림과 된장을 넣고 핸드블렌더로 간 후 약불에서 조금 더 끓인다. 소스가 걸쭉해지면 불을 끄고 후춧가루를 넣어 완성한다.

4 › 준비한 채소는 막대 모양으로 썰고, 감자와 고구마 등은 찜기에 쪄서 준비한다.

5 › 접시에 채소와 바냐카우다를 담은 그릇을 얹어 식탁에 낸다.

바냐카우다는 1~2주일 냉장 보관이 가능합니다.

③

기호에 따라 생크림 대신 우유 ½컵 또는 두유 ½컵 + 전분 1t으로 바꿔도 돼요!

아게비타시

아게비타시는 일본어로 '튀긴 것을 국물에 담그다'는 뜻입니다. 느끼할 수 있는 튀김 요리에 긴죠 및 다이긴죠를 곁들이면 입안을 깔끔하게 정리해주지요. 제철 채소를 활용하면 더욱 좋아요. 큼직하게 자르고 물기를 잘 닦아 튀기세요!

종류 쥰마이다이긴죠
도수 15%
지역 아키타현

다이긴죠의 균형 잡힌 향기와 깔끔한 맛에 쥰마이의 풍성한 맛이 더해진 대표적인 쥰마이다이긴죠다. 요리가 나오는 처음부터 끝까지 쭉 질리지 않고 즐길 수 있다.

Ingredients

2인분

● 주재료

가지 2개, 단호박 ¼개, 꽈리고추 10개, 무 50g, 생강 10g, 식용유 적당량

● 쯔유

설탕 2T, 소금 1t, 가츠오 다시 2컵, 간장 3T, 미림 1T

Recipe

1 › 가지는 반으로 자른 후 다시 길게 3등분하고 사선으로 칼집을 낸다. 단호박은 속을 파내고 껍질째 1cm 두께로 자른다.

2 › 꽈리고추는 씻은 후 물기를 잘 닦아 이쑤시개로 구멍을 3~4개 낸다.

3 › 무와 생강은 강판에 간다.

4 › 냄비에 쯔유 재료를 넣고 한소끔 끓인다.

5 › 180℃로 예열한 기름에 꽈리고추, 단호박, 가지 순으로 튀긴다. 꽈리고추는 겉에 흰 막이 생기면 건져내고, 가지는 3~5분간 충분히 튀긴다.

6 › **5**를 그릇에 담고 쯔유를 붓는다.

가츠오 다시 레시피는 14p를 참고하세요.

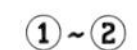

Tip

사케에 아게비타시만 먹어도 충분하지만 배가 조금 고프다면 국수를 삶아 곁들여도 좋아요.

토란조림

어렸을 때 일본에서 엄마는 가을이 되면 밥반찬으로 살짝 달콤한 토란조림을 자주 만들어주셨어요. 그때는 별로 좋아하지 않았는데, 사케 맛을 알게 되면서 이런 단순한 간장맛의 반찬이 안주로 참 훌륭하다는 생각을 하게 되었습니다.

종류 쥰마이다이긴죠
도수 16%
지역 미에현

과일 향이 매력적인 제품으로 부드러운 촉감, 산뜻한 맛이 특징이다. 입 안을 깔끔하게 정리해줘 음식과 고루 어울리는 사케다.

Ingredients

2인분

● **주재료**

토란 600g(12개), 줄기콩 8개

● **양념**

멸치 다시 300ml, 설탕 1T, 간장 2T, 미림 1 ½T, 요리용 사케 2T

Recipe

멸치 다시 레시피는 15p를 참고하세요.

1 » 씻은 토란을 그릇에 담아 랩을 씌워 전자레인지에 20초간 돌린 후 숟가락이나 행주로 껍질을 벗긴다.

2 » 줄기콩은 양쪽 끝을 잘라내고 반으로 자른다.

3 » 냄비에 양념 재료와 토란을 넣고 중불로 끓인다. 끓기 시작하면 오토시부타를 덮고 약불로 10분간 익힌다. 오토시부타를 열고 줄기콩을 넣어 국물이 졸아들 때까지 약불로 10분 정도 더 졸인다.

4 » 토란에 윤기가 나면 불을 끈다.

*

오토시부타는 일본에서 조림 요리를 할 때 사용하는 나무 뚜껑으로 양념이 잘 배어들게 하는 역할을 해요. 집에서는 종이포일을 냄비 크기에 맞게 잘라 사용하면 좋아요.

Tip

요리용 사케로는 저렴한 팩 사케를 사용하는 것이 좋아요. 쉽게 구할 수 있는 백화수복을 사용해도 좋습니다.

간단 해물 피자

'사케 안주에 피자?' 하고 생각할 수 있지만 사실 맥주보다 배가 부르지 않고 화이트 와인보다 산미가 덜한 사케가 의외로 피자와 잘 어울립니다. 특히 모차렐라치즈같이 부드러운 치즈가 사케의 단맛과 궁합이 좋아요. 한번 맛보세요!

종류 쥰마이긴죠
도수 16%
지역 아키타현

은은한 향, 부드러운 감칠맛과 완벽하게 균형을 이루는 산뜻한 산미가 특징이다. 옅은 탄산감과 청량감이 매력적인 사케로 새로운 스타일을 선보인다.

Ingredients

2인분

● **주재료**

토르티야 20cm 2장, 생모차렐라치즈 1개, 올리브유 1T, 토마토 퓌레 4T, 바질 또는 민트 약간, 후춧가루 약간

● **토핑**

오징어 1마리, 새우 8마리, 조갯살 150g, 마늘 1쪽, 블랙 올리브 6개, 보라색 양파 ¼개, 올리브유 약간, 소금 약간

Recipe

1 › 오븐을 200~210℃로 예열한다.

2 › 오징어는 내장을 제거한 후 몸통은 링으로, 다리는 먹기 좋은 길이로 자른다. 새우는 꼬리만 남기고 손질해 이쑤시개로 내장을 제거한다. 조갯살은 살짝 헹궈 물기를 뺀다.

3 › 마늘은 잘게 다진다. 블랙 올리브는 링 모양으로 얇게 썬다.

4 › 양파는 링 모양으로 얇게 썬다. 모차렐라치즈는 물기를 빼고 1cm 두께로 자른다.

5 › 팬에 올리브유를 두르고 달군 뒤 마늘을 볶는다. 마늘이 익어 향이 나면 해물을 넣고 센 불에서 빠르게 볶아 소금으로 간한다.

6 › 오븐팬에 토르티야를 얹고 올리브유를 바른 뒤 토마토 퓌레를 펴 바른다. **5**의 해물을 골고루 얹고 치즈, 양파, 블랙 올리브를 올려 장식한다. 후춧가루를 뿌린다.

7 › 오븐에서 8~10분간 굽는다.

8 › 바질 또는 민트를 얹는다.

평소에는 피자 도우를 직접 만들지만 술안주를 위해 도우까지 만들려면 가끔 귀찮기도 하지요. 그래서 어디에서나 구하기 쉬운 냉동 토르티야를 도우 대신 활용해봤습니다.

⑥

테마키즈시

여러 번 소개한 레시피지만 아무리 생각해도 사케에 절대 빠지면 안 되는 요리죠. 간단하고 저렴한 안주는 아니지만 여럿이 모여 다양한 종류의 사케와 함께 즐기면 정말 행복한 술자리가 될 거예요!

종류 쥰마이다이긴죠
도수 15%
지역 코우치현

화려한 향과 가벼운 감귤계의 산미, 깨끗한 목 넘김, 입 속에서 아련히 퍼지는 단맛과 끝 맛의 조화가 좋다. 술을 짠 후 병주입해 -1℃에서 빙온 저장하는 철저한 품질 관리 덕분에 언제나 최고의 맛을 느낄 수 있다.

Ingredients

4인분

● 주재료

횟감(도미, 광어, 참치, 연어, 숭어, 우럭, 방어 등) 각각 ½마리 또는 1마리, 시소(또는 깻잎) 16장, 무순 1팩, 오이 1개, 김 10장, 감태 5장, 간장 약간, 와사비 약간

● 스시용 밥

쌀 3컵(540g), 물 525ml, 다시마 5×5cm 1장, 청주 1T

● 단촛물

소금 1 ½t, 설탕 3t, 쌀식초 4 ½T

Recipe

1 » 잘 씻은 쌀을 체에 받쳐 30분간 물기를 뺀다. 전기밥솥에 쌀과 나머지 재료를 넣고 스시용 밥을 짓는다.

2 » 횟감은 두툼하게 썬다.

3 » 시소와 무순은 씻어 물기를 뺀다. 오이는 가늘게 채 썬다.

4 » 김과 감태는 가위로 4등분해 자른다.

5 » 회와 나머지 재료를 큰 접시에 담는다. 간장과 와사비는 작은 종지에 담는다.

6 » 단촛물 재료를 잘 섞는다.

7 » 나무로 만든 납작한 통(스시오케)에 갓 지은 밥을 넣고 단촛물을 뿌려 부채질하면서 뒤섞는다. 밥이 마르지 않게 젖은 면포로 덮는다.

8 » 김이나 감태에 밥과 오이, 시소, 무순, 와사비, 회를 얹어 싼 후 간장에 찍어 먹는다.

생선을 5시간 정도 냉장고에서 보관한 후 회를 뜨면 생선이 숙성되어 단맛이 느껴져요.

냄비에 스시용 밥을 지을 때는 물을 3T 정도 더 넣어주세요.

⑧

게살 크림 고로케

산뜻한 맛의 사케에는 생크림의 부드러운 맛이 어울립니다. 보통 고로케라고 하면 감자와 고기로 만든 것을 생각하지만 긴죠에 맞게 화이트소스를 이용한 고로케를 선택했어요. 느끼함을 잡을 수 있는 산뜻한 맛의 배추 샐러드도 함께 곁들였습니다.

종류 쥰마이긴죠
도수 16.5%
지역 시마네현

마시기 편하면서도 확실한 존재감이 있는 사케. 긴자의 고급 요리점과 스시집에서 사용하는 고급 사케로 부드러운 촉감과 쌀의 감칠맛, 깔끔한 산미가 요리와 잘 어우러진다.

Ingredients

6~8개

● **주재료**

게살 150g, 양파 ½개, 버터 3T, 화이트 와인 2T, 소금 ½T, 후춧가루 약간, 박력분 4T, 우유 300ml

● **튀김 재료**

박력분 1컵, 달걀 2개, 빵가루 적당량, 식용유 적당량

Recipe

1 › 게살은 물기를 빼고, 양파는 잘게 다진다.

2 › 냄비에 버터를 넣고 약불로 녹인다. 양파를 중불로 볶다가 투명해지면 게살과 화이트 와인을 넣고 계속 볶는다. 이때 소금, 후춧가루로 간한다.

3 › **2**에 박력분을 넣고 약불로 천천히 볶는다. 덩어리가 지기 시작하면 불을 끄고 우유를 반만 넣고 젓는다. 나머지 우유를 넣고 다시 불을 켜 소스가 걸쭉해질 때까지 끓인다.

4 › **3**을 다른 용기에 옮겨 식힌 후 냉장고에서 2시간 정도 굳힌다.

5 › 손바닥에 박력분을 묻히고 단단해진 반죽을 타원형으로 빚는다.

6 › 빚은 반죽에 밀가루, 달걀, 빵가루를 순서대로 묻혀 180℃로 예열한 기름에서 튀긴다.

간단한 배추 샐러드

주재료 속배추 ½개
드레싱 소금 1t, 설탕 1t, 레드와인 비네거 2 ½T, 올리브유 3T, 후춧가루 약간

채 썬 배추에 드레싱 재료를 모두 넣고 섞는다.

本釀造

혼죠조

혼죠조슈는 정미율 30% 이상의 쌀을 이용한 것으로 긴죠슈와
쥰마이슈보다 낮은 등급이자 가장 대중적인 사케입니다.
실제로 토우지(양조책임자)의 반주로 많이 애용되는
술이기에 가장 일반적으로 부담 없이 접근하기 좋습니다.
토쿠베츠혼죠조(特別本醸造)는 정미율 40% 이상의 쌀을 이용하며,
일반적 혼죠조슈보다 좋은 풍미를 가지고 있습니다.
양조알코올 함량이 긴죠슈보다 많기 때문에 단맛이 약해 경쾌하고
깔끔한 뒷맛을 느낄 수 있고 여름에는 차갑게, 겨울에는 데워서
먹으면 좋습니다.

히야얏코 3가지

쥰마이는 중탕으로 데워 마셔야 제맛이고, 혼죠조는 쌀의 단맛보다 청량감이 강합니다. 히야얏코는 '네모 모양의 차가운 두부 요리'라는 뜻으로 주로 여름에 먹어요. 하지만 겨울에 온돌방에서 차가운 혼죠조와 같이 먹으면 이만한 별미가 없죠!

종류 혼죠조
도수 15.7%
지역 야마가타현

혼죠조에 긴죠를 더해 만든 긴죠급의 사케로 은은한 과일 향기와 산뜻한 맛이 특징이다.

Ingredients

2인분

● 주재료	● A	● B	● C
두부 1모	올리브유 적당량, 핑크솔트(히말라야 소금) 약간	오이 ½개, 로스트햄 2장, 깨소금 1T, 연한 간장 약간, 참기름 약간, 소금 약간	김치 50g, 낫토 1팩, 겨자 약간, 간장 ½T, 감태가루 약간

Recipe

1 › 두부는 물기를 뺀 후 정사각형으로 잘라 기호에 따른 양념을 곁들인다.

2 › **A**: 두부에 올리브유와 소금을 살짝 뿌린다.

3 › **B**: 오이는 얇게 채 썰어 소금에 절이고 물기를 뺀다. 햄도 얇게 채 썬다. 두부에 오이, 햄을 얹고 깨소금과 간장, 참기름을 기호에 따라 적당히 뿌린다.

4 › **C**: 김치는 물로 씻어 잘게 다진다. 낫토와 겨자를 그릇에 담아 젓가락으로 잘 섞는다. 두부에 김치, 낫토 순으로 얹어 간장과 감태가루를 뿌린다.

A에 쓰이는 핑크솔트가 없으면 한국의 볶은 소금을 대신 사용해보세요.

①

닭가슴살과 미역 깨 무침

혼죠조는 담백하고 청량감이 있기 때문에 안주도 깔끔한 것을 선택하게 되네요. 이 안주는 친구들과 같이 긴죠를 한 병 정도 마시다가 혼죠조를 열기 전 취기가 약간 돌 때쯤 다음 안주로 만들 수 있을 정도로 간편합니다!

종류 토쿠베츠혼죠조
도수 15.5%
지역 시즈오카현

정미율 40%의 긴죠급 사케로 부드러운 향기와 산뜻하고 경쾌한 맛이 특징이다. 운이 열리는 사케라는 별명이 있어 좋은 일이 있을 때 마시는 이와이자케(축하주)다.

Ingredients

2인분

● 주재료

닭가슴살 100g(1덩어리), 소금 약간, 마른 미역 30g

● 양념

굵게 간 참깨 3T, 설탕 1T, 진간장 2T

Recipe

1 › 닭가슴살은 7~8mm 두께로 썰고 끓는 물에 소금을 넣어 데친 후 바로 건져낸다. 마른 미역은 물에 불린 후 물기를 제거한다.

2 › 양념 재료를 섞는다.

3 › 볼에 닭가슴살, 불린 미역, 양념을 넣고 버무린다.

마른 미역은 적은 양의 물에 짧은 시간 동안 불리면 돼요. 겨울에는 생미역 80g 정도를 준비해 함께 버무려도 맛있어요.

①

민트와 블랙 올리브를 곁들인 과일 샐러드

고기나 생선 구이를 먹다가 입가심으로 만들어 먹는 지중해식 과일 샐러드. 이탈리아 시칠리아 섬에서 생산한 부드러운 올리브유를 섞어 버무리면 단맛이 없는 혼죠조와 어울릴 거예요. 아, 민트잎도 꼭 잊지 마시고요!

종류 혼죠조
도수 14%
지역 카가와현

여느 사케에서 보기 힘든 깊고 진한 감칠맛과 깔끔한 목넘김, 시원하고 깨끗한 뒷맛이 느껴진다.

Ingredients

2~3인분

● 주재료	● 드레싱
파인애플 ¼개, 수박 ⅛개, 키위 2개, 천도복숭아 2개, 블랙 올리브 10개, 민트잎 10g	라임즙(혹은 레몬즙) 1개 분량, 올리브유 4T, 후춧가루 약간

Recipe

1 › 파인애플과 수박은 사방 2cm 크기로 자른다.
키위는 껍질을 벗기고 1cm 두께의 반달 모양으로 썰고,
천도복숭아는 껍질째 같은 모양으로 썬다.

2 › 올리브는 링으로 얇게 저민다.

3 › 볼에 드레싱 재료를 넣고 잘 섞는다.

4 › 샐러드 볼에 모든 재료를 넣고 드레싱을 뿌려 버무린다.
마지막에 민트잎을 얹는다.

①

Tip

수박 대신 멜론을 넣을 수 있어요. 제철 과일을 사용하면 더욱 좋아요!

무화과 두부 무침

앞에서 소개한 '히야얏코'와 또 다른 식감과 맛을 느낄 수 있는 두부 안주입니다. 무화과의 단맛이 부드러운 두부와 어우러져 혼죠조와 아주 잘 어울리죠. 두부의 물기를 잘 빼고 으깨는 것이 중요합니다.

本仕込 浦霞
우라가스미 혼지코미

종류 혼죠조
도수 15%
지역 미야기현

미야기현을 대표하는 우라가스미 시리즈의 사케다. 낮은 가격에도 불구하고 기품 있고 상쾌한 향기와 부드러운 감칠맛, 단정한 목넘김으로 지역 주민들의 전폭적인 지지를 받고 있다.

Ingredients

2인분

● 주재료

무화과 2개, 두부 100g

● 양념

소금 ½t, 깨소금 1t, 설탕 1t, 미림 1t, 두유 2T

Recipe

1 › 무화과는 껍질을 벗기고 6등분한다.

2 › 두부는 면포에 넣고 짜서 충분히 물기를 제거하고 볼에 넣어 으깬다. 양념 재료를 섞어 무화과와 같이 넣고 무화과가 뭉그러지지 않게 버무린다.

무화과를 구하기 어려운 계절에는 잘 익은 감, 사과, 딸기, 망고 등 식감이 부드럽고 향이 있는 과일을 이용해보세요.

두유 대신에 우유, 생크림을 사용해도 됩니다.

스페인식 꼬막 토마토 조림

꼬막은 일본에서는 이제 거의 찾아볼 수 없는 조개입니다. 일본에서도 남부 지방에서만 먹을 수 있어서 잘 접해보지 못했지요. 하지만 스페인에 가니까 꼬막을 토마토에 조려 자주 먹더라고요. 화이트 와인 대신 혼죠조를 넣고 조린 꼬막에 시원한 혼죠조를 함께 곁들여보세요!

종류 혼죠조
도수 14.2%
지역 야마가타현

다이긴죠를 빚을 때처럼 극저온 발효법으로 완성한 사케다. 이름처럼 화사한 향기가 시원하게 후각을 자극하는 그윽한 풍미의 혼죠조다.

Ingredients 2인분

● **주재료**

꼬막 400g, 소금 약간, 레몬 슬라이스 1개, 완숙 토마토 2개, 마늘 3쪽, 이탈리안 파슬리 2줄기, 올리브유 2T, 혼죠조 100ml

● **양념**

소금 1t, 후춧가루 약간

Recipe

1 › 끓는 물에 문질러 씻은 꼬막과 소금, 레몬을 넣어 뚜껑을 닫고 3분간 삶는다. 꼬막은 체로 건져내 껍질을 벗기고 모래를 제거한다.

2 › 토마토는 사방 2cm 크기로 썰고, 마늘은 잘게 다진다. 이탈리안 파슬리는 굵게 다진다.

3 › 달군 팬에 올리브유를 두르고 뜨거워지면 마늘을 볶는다. 향이 나면 토마토를 넣고 물기가 나올 때까지 중불로 볶는다.

4 › 꼬막과 사케를 넣어 센 불로 조린다. 소금, 후춧가루로 간하고 국물이 걸쭉해질 때까지 잘 섞어가며 졸인다.

5 › 그릇에 담아 다진 이탈리안 파슬리를 얹는다.

꼬막 대신 바지락, 모시조개 등 제철에 나는 조개로 만들어보세요.

굴마전

처음에는 무난하게 매콤한 부추전을 곁들일까 했어요. 부침가루 대신 마를 갈아 넣은 반죽에 매콤한 청양고추를 넣고 굴이나 조갯살을 얹어 부치는 마전을 소개합니다. 이 요리에는 혼죠조를 중탕해 만든 아츠캉을 준비해도 좋아요.

종류 혼죠조
도수 15.5%
지역 돗토리현

맑은 물을 이용해 전통 방식 그대로 빚어낸 사케다. 질감이 부드럽고 맛이 질리지 않아 고기류나 강한 맛의 음식과 궁합이 잘 맞는다.

Ingredients

10개

● 주재료	● 반죽 양념
마 20cm, 청양고추 1개, 굴 10개, 소금 1t, 식용유 적당량, 진간장 약간, 레몬 2조각	소금 ½t, 참기름 1t

Recipe

1 › 마는 껍질을 벗겨 강판에 갈아 볼에 담는다.

2 › 청양고추는 씨를 제거해 잘게 다지고 마와 반죽 양념을 넣어 섞는다.

3 › 굴은 소금물에 한번 흔들어 씻은 후 물기를 제거한다.

4 › 식용유를 두른 팬에 반죽 1T을 얹고 위에 굴을 올린다. 중불로 바싹 굽다가 뒤집어 반대편도 충분히 익힌다.

5 › 진간장과 레몬을 곁들인다.

반죽이 질면 전분이나 쌀가루를 더해 농도를 맞추세요.

총각무 아사즈케

총각무는 참 매력적인 채소인데요, 김치만 담그기가 아까워 저는 여러 요리에 활용하고 있어요. 특히 채소를 양념에 짧은 시간 동안 절이는 '아사즈케'를 만들 때 자주 사용합니다. 특별한 안주가 없어도 차갑게 한 혼죠조에는 며칠 전에 담가둔 아사즈케가 딱이죠.

종류 혼죠조
도수 16%
지역 후쿠이현

후쿠이현에서 가장 널리 사랑받는 사케 중 하나다. 입안에서 퍼지는 맛이 부드럽고 은은하게 사라지는 뒷맛이 특징이다.

Ingredients

2인분

● **주재료**

총각무 350g, 소금 ⅔T, 붉은 고추 1개, 다시마 2×2cm 1장

● **양념**

설탕 1T, 쌀식초 2T

Recipe

1 › 총각무는 씻어서 잎 부분은 3cm 길이로, 뿌리 부분은 동그란 모양으로 얇게 자른다.

2 › 손질한 총각무에 소금을 넣고 버무린다.

3 › 고추는 얇게 어슷썰고, 다시마는 물에 불려 얇게 채 썬다.

4 › 양념 재료를 섞는다.

5 › 소금에 절인 총각무에 **3**와 양념을 넣고 잘 섞은 후 누름돌로 누른다.

6 › 냉장고에서 6시간 정도 숙성시킨다. 냉장 보관하면 4~5일간 먹을 수 있다.

총각무 대신 무, 오이, 가지, 콜라비, 래디시 등을 이용해보세요. 절일 때 소금은 채소의 2.5~3% 분량으로 이것만 지키면 늘 맛있는 아사즈케를 즐길 수 있어요.

누름돌이 없을 때는 물을 담은 트레이로 눌러도 좋아요.

오히타시

일본의 대표적 나물 조리법인 '오히타시'는 다시에 데친 채소를 담가 만들지만 최근에는 간단히 쯔유나 간장을 뿌려 만들기도 하지요. 여기서는 다시마 다시를 양념해 끓이는 방법을 소개할게요. 얼른 한잔하고 싶을 때는 데친 나물에 진간장과 가츠오부시를 뿌리기만 해도 훌륭한 안주가 됩니다.

종류 혼죠조
도수 15%
지역 기후현

1870년부터 기후현 히다 후루카와 지방에서 140여 년간 이어져 내려오고 있다. 명주로 인정받은 만큼 일본 재외 공간에서 제공되며 일본을 대표하는 사케라 할 수 있다.

Ingredients

2인분

● 주재료	● 양념
유채·민들레·시금치·열무 등 나물 채소 200g, 소금 약간, 채 썬 생강 약간	다시마 다시 1컵, 연한 간장 1T, 미림 1T

Recipe

1 › 양념 재료를 냄비에 넣고 섞어 한소끔 끓여 식힌다.

2 › 손질한 채소는 씻어 소금물에 살짝 데친 후 차가운 물로 헹궈 물기를 제거하고 3cm 길이로 자른다.

3 › 데친 나물에 **1**을 부어 1시간 정도 그대로 둔다.

4 › 양념 국물과 함께 그릇에 담아 채 썬 생강을 올린다.

다시마 다시 레시피는 14p를 참고하세요.

③

일본식의 아주 담백한 맛이 오히려 심심하게 느껴질 때는 겨자나 와사비를 양념에 더해보세요.

長期熟成酒 | 原酒

장기숙성주 | 겐슈

***장기숙성주**

일본 '장기숙성주 연구회'에서는 3년 이상 숙성된 것을 장기숙성주로 규정하고 있으나 일반적으로 1년 이상 숙성된 것을 장기숙성주라고 합니다. 장기숙성주는 신맛, 쓴맛, 단맛, 매운맛, 감칠맛의 다섯 가지 맛이 균형 있게 어우러져 깊은 맛을 내는 것이 특징입니다. 상온으로 또는 데워서 마시는 것을 추천합니다.

***겐슈(원주)**

대부분의 사케는 술을 짠 뒤 물을 첨가해 알코올 도수를 15% 전후로 낮추어 출하하지만 물을 별도로 첨가하지 않은 것이 겐슈입니다. 겐슈는 알코올 도수가 18~20% 전후로 높기 때문에 강한 맛이 특징이며 얼음을 첨가, 희석해 마시면 또 다른 맛을 느낄 수 있습니다.

스페인식 채소 마리네이드

여름 채소로 만들어야 제맛이 나는 스페인풍 마리네이드 샐러드입니다. 구운 채소를 양념에 담가 숙성시키기 때문에 장기숙성주에 잘 어울립니다. 원래 와인 안주로 알려져 있지만 사케 안주로도 좋아요.

종류 보통주(쌀 100%)
도수 15%
지역 도쿠시마현

새콤달콤한 향기와 고급스러운 단맛, 그리고 부드러운 산미가 특징으로 입안에서 퍼지는 맛이 일품이다.

Ingredients

4인분

● 주재료

가지 4개, 양파 2개, 파프리카 4개, 소금 약간

● 드레싱

소금 1T, 레드와인 비네거 3T, 올리브유 6T, 후춧가루 약간

Recipe

1 » 가지는 꼭지 반대편에 2cm 정도 칼집을 넣고, 양파는 껍질만 벗긴다.

2 » 오븐팬에 종이포일을 깔고 가지, 양파, 통파프리카를 얹고 소금을 약간 뿌려 220℃로 예열한 오븐에 넣는다. 중간에 채소를 뒤집어가며 1시간 정도 굽는다.

3 » 드레싱 재료를 섞는다.

4 » 채소를 그릇에 옮기고 쿠킹포일을 덮어 식힌다. 채소가 식으면 가지는 손으로 먹기 좋게 자르고, 파프리카는 껍질과 씨를 제거해 먹기 좋게 찢고, 양파는 4조각으로 잘라 볼에 담는다.

5 » 드레싱과 함께 버무려 냉장고에서 일주일간 숙성시킨다.

안주뿐만 아니라 샌드위치 재료로도 좋아 아주 활용도가 높은 요리예요.

차슈

차슈는 돼지고기 덩어리를 양념에 담그거나 발라 간을 한 후 굽는 중국식 로스트 포크죠. 일본에서는 양념장에 삶아 만들기도 해요. 이 레시피는 셰프였던 아버지에게 전수받은 것입니다. 간장맛의 삼겹살을 농후한 향의 사케와 같이 드셔보세요!

종류 쥰마이
도수 18.5%
지역 후쿠이현

사케를 양조한 후 물을 타지 않은 쥰마이 겐슈는 일본주의 가장 순수한 맛으로 감칠맛과 산미가 높고 향기가 좋아 구이와 조림 요리 등에 잘 어울린다.

Ingredients

4~6인분

● **주재료**

돼지고기 목살 또는 삼겹살 덩어리 1kg, 생강 3톨, 마늘 10쪽, 대파 잎 부분 6개, 연겨자 약간

● **양념**

가츠오 다시 300ml, 진간장 300ml, 미림 300ml

Recipe

1 › 돼지고기는 길게 반으로 잘라 모양이 흐트러지지 않도록 명주실로 묶는다.

2 › 볼에 양념 재료를 넣고 섞는다.

3 › 생강은 껍질을 벗기고, 마늘은 밑동을 잘라낸다.

4 › 냄비에 돼지고기를 넣고 양념을 충분히 잠기도록 붓는다. 생강, 마늘, 대파 잎 부분을 넣고 센 불에서 끓인다.

5 › 양념이 끓어오르면 거품을 제거하고 뚜껑을 닫아 중불에서 20분 정도 끓인다. 포크로 찔러 핑크색 육즙이 나오면 7~8분간 더 끓인다.

6 › 불을 끄고 냄비가 식을 때까지 그대로 둔다.

7 › 냄비에서 고기를 꺼내 가능한 한 얇게 썰고 연겨자를 곁들여 먹는다.

양념장이 부족하면 진간장 1 : 미림 1 : 다시 1 : 설탕 0.5의 비율로 양념을 만들어 넣어주세요.

가츠오 다시 레시피는 14p를 참고하세요.

차슈에는 발효 향이 강한 김치보다는 매콤하고 산뜻한 한국식 겉절이가 더 잘 어울려요.

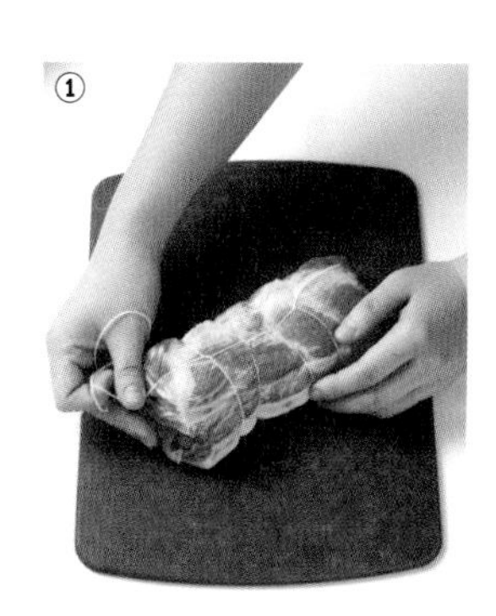

도라지, 오이 초고추장 무침

장기숙성주 및 겐슈에는 강한 양념의 안주가 어울리다 보니 부담스러울 수 있죠. 그래서 상큼한 한식 안주를 하나 소개합니다. 의외로 이 안주가 장기숙성주와 그렇게 잘 어울린답니다. 더 맛있는 레시피도 많겠지만 일본 사람의 입맛으로 만든 것이니 조금 봐주세요.

종류 긴죠
도수 17.5%
지역 이시카와현

사케용 쌀 중 야마다니시키를 사용해 빚은 긴죠 중 그 해의 가장 좋은 술만을 선별해 10여 년에 걸쳐 서서히 숙성시킨 쿠쿠리히메다. 색과 맛이 진해지는 일반적인 숙성주와 달리 투명한 색과 농후한 깊이감을 느낄 수 있다.

Ingredients

2~3인분

● 주재료	● 초고추장
도라지 200g, 소금 1T, 오이 1개, 소금 1t	고춧가루 1T, 설탕 1T, 깨소금 1t, 쌀식초 1T, 고추장 ½T, 다진 마늘 1t

Recipe

1 › 도라지는 껍질을 벗겨 손으로 잘게 찢고 소금 1T을 뿌려 주물러 충분히 절여지면 물로 헹군 후 물기를 뺀다.

2 › 오이는 길게 반으로 잘라 어슷썰고 소금 1t을 뿌려 절인 후 물기를 가볍게 짠다.

3 › 초고추장 재료를 잘 섞는다.

4 › 볼에 도라지와 오이, 초고추장을 넣고 가볍게 무친다.

소금간이 부족하면 소금을 ⅓t~¼t 정도 더 넣어 간을 맞춰주세요.

①

김치 오코노미야키

저는 간사이 지방 출신이 아니라 오코노미야키를 잘 만들지 못합니다. 하지만 사케를 소개하는 요리책에 오코노미야키가 빠질 수는 없죠. 동생 같은 오사카 출신의 영진씨한테 훈련받아 레시피를 하나 만들어봤습니다. 촉촉한 오코노미야키에 농밀한 맛의 숙성주 한 잔!

東光 純米吟醸 原酒
토우코우 쥰마이긴죠 겐슈

종류 쥰마이긴죠
도수 16%
지역 야마가타현

겐슈임에도 불구하고 도수가 높지 않아 부드럽다. 겐슈 특유의 깊고 진한 풍미와 부드러운 목넘김, 차분한 여운까지 완성도가 높다.

Ingredients

20cm 3장

● 주재료	● 반죽	● 양념
양배추 ¼개, 김치 ⅙포기, 삼겹살 300g, 쪽파 4줄기, 달걀 3개, 식용유 적당량	부침가루 200g, 소금 ½t, 물 1 ½컵	오코노미야키 소스·마요네즈·파래가루·가츠오부시 적당량

Recipe

1 › 양배추는 심을 제거하고 1cm 두께로 썬다. 김치도 씻어서 양배추와 똑같이 썬다.

2 › 삼겹살은 1cm 폭으로 자르고, 쪽파는 굵게 다진다.

3 › 볼에 반죽 재료를 넣고 섞는다.

4 › 다른 볼에 ⅓ 분량의 양배추, 김치, 달걀 1개를 넣고 반죽 ¾컵을 섞는다.

5 › 달군 팬에 식용유를 두르고 뜨거워지면 **4**를 붓고 준비한 삼겹살의 ⅓을 올린다. 뚜껑을 덮고 중불로 5분 정도 굽고 뒤집은 후 다시 뚜껑을 덮고 약불로 8분 정도 굽는다.

6 › 접시에 뒤집어 담고 오코노미야키 소스, 마요네즈, 파래가루, 가츠오부시 순으로 장식한다.

오코노미야키는 양배추의 식감이 살아 있으면서 반죽이 부드러운 상태로 구워져야 하기에 구울 때 누르지 않아요.

오코노미야키 소스는 돈가스 소스로 대신해도 되지만 현지 맛을 느끼고 싶다면 수입 식품 매장에 가서 오코노미야키 전용 소스를 구해보세요!

하야시라이스

오랫동안 숙성시킨 사케는 술맛이 진해 담백한 음식보다는 고기나 강한 양념이 잘 어울려요. 추천 요리는 일본식 비프 스튜를 간단하게 바꾼 하야시라이스. '라이스'가 붙어 있다고 꼭 밥이랑 드실 필요는 없어요. 바게트를 곁들여 장기숙성주나 원주의 안주로 시도해보세요!

종류 긴죠
도수 17%
지역 군마현

복숭아가 연상되는 은은한 향 가운데 촉촉하고 기분 좋은 단맛과 마무리가 매력적이다. 1회 열처리해 사케가 가지고 있는 신선함을 그대로 병에 담았다.

Ingredients

4인분

● 주재료

불고기용 소고기 300g, 소금·후춧가루 약간씩, 양파 2개, 마늘 1쪽, 버터 20g, 식용유 1T, 밀가루 20g, 닭육수 3컵, 월계수잎 1장, 바게트 적당량

● 소스

토마토 퓌레 3T, 레드 와인 ½컵, 케첩 3T, 간장 2t, 우스터소스 1T, 소금 2t, 후춧가루 약간

Recipe

1 › 소고기에 소금, 후춧가루를 뿌려 간한다.

2 › 양파는 결대로 채 썰고, 마늘은 잘게 다진다.

3 › 소스 재료를 볼에 넣고 섞는다.

4 › 달군 팬에 버터와 식용유를 넣고 뜨거워지면 마늘과 양파를 중불로 볶는다. 마늘과 양파가 갈색으로 변하면 소고기를 넣고 계속 볶는다.

5 › **4**에 밀가루를 넣고 타지 않게 약불로 볶는다.

6 › **5**에 닭육수를 붓고 월계수잎을 넣어 한소끔 끓이다가 섞어둔 소스를 넣고 20분 정도 더 끓인다.

7 › 바게트를 곁들여 먹는다.

Tip

닭육수 대신 고형 치킨스톡 10g을 물 3컵에 녹이거나 다시마 다시를 사용해도 충분히 맛을 낼 수 있어요.

진숙 언니의 병어조림

장기숙성주나 겐슈는 한국의 전통주와 비슷한 맛이 느껴질 때가 있어요. 일본에서도 고추장이나 산초, 두반장 등 맵고 자극적인 양념의 안주를 자주 곁들이죠. 이 병어조림은 저를 오랫동안 도와준 요리 친구 진숙 언니의 레시피예요. 숙성된 사케에 어울리게 양념을 연하게 바꿔보았습니다.

종류 토쿠베츠쥰마이
도수 17.9%
지역 시즈오카현

'귀신을 쫓는다'는 이름의 뜻 그대로, 강렬한 맛을 자랑하는 농후하고 드라이한 사케다. 상쾌하면서도 묵직한 맛으로 남성은 물론이고 여성들에게도 상당한 지지를 받고 있다.

Ingredients

4인분

● **재료**(2인분)

병어 1마리, 소금 약간, 감자 1개, 양파 ½개, 애호박 ⅓개, 대파 ½개, 청양고추 1개, 홍고추 ½개, 생강 ½톨, 다시마 표고버섯 다시 1컵

● **양념**

고춧가루 1T, 소금 1t, 다진 마늘 1T, 요리용 사케 1T, 멸치액젓 1T, 진간장 2T, 참기름 1t

Recipe

1 › 병어는 내장과 비늘을 제거하고 흐르는 물에 씻어 피를 제거한 후 소금으로 간한다.

2 › 감자는 껍질을 벗겨 1cm 두께로 썰고, 양파는 5mm 두께로 채 썬다. 애호박은 길게 반으로 잘라 2cm 두께의 반달 모양으로 썬다.

3 › 대파와 고추는 얇게 어슷썰고, 생강은 얇게 저민다.

4 › 양념 재료를 섞는다.

5 › 냄비에 감자와 애호박을 깔고 병어를 올린다. 그 위에 양파, 대파, 고추, 생강을 가지런히 얹고 양념과 다시마 표고버섯 다시를 붓는다.

6 › 센 불에서 한소끔 끓인 후 뚜껑을 덮고 중불로 10분간 조린다. 간을 보고 뚜껑을 연 후 국물이 자작해질 때까지 조린다.

Tip

다시마 표고버섯 다시는 15p를 참고하세요.

④

팬으로 굽는 로스트비프와 와사비

어느 술에나 잘 어울리는 로스트비프. 지방이 많은 소고기 등심을 사용하고 와사비 간장을 더해봤습니다. 만약 조금 무리해서 사온 좋은 사케가 집에 있다면 마음먹고 한우 채끝 등심을 이용해보면 어떨까요?

종류 쥰마이긴죠
도수 17%
지역 토치기현

부드러운 맛과 안정적인 향, 감칠맛이 함께 느껴지는 사케로 균형 잡힌 맛과 깔끔한 마무리가 특징이다.

Ingredients

4~6인분

● 주재료

소고기 등심 600g, 통후추 2T, 생와사비 약간, 진간장 약간, 구운 소금 또는 핑크솔트 약간

Recipe

1 › 소고기는 3등분한 후 통후추를 갈아 골고루 바른다.

2 › 달군 팬에 센 불로 고기를 뒤집어가며 겉이 노릇해질 때까지 4~5분간 굽는다.

3 › 쿠킹포일을 씌워 10분 정도 식힌 후 최대한 얇게 썬다.

4 › 고기에 구운 소금 또는 핑크솔트, 생와사비를 곁들여 담고 간장은 따로 종지에 준비한다.

①

기호에 따라 무순, 깻잎, 부추, 쪽파, 양파, 간 무, 다진 마늘 등을 준비해서 곁들여도 좋아요.

말차 아이스크림

장기숙성주나 겐슈는 식사 마무리로 마시는 경우가 많아 조금 무게감이 있는 아이스크림을 곁들여봤어요. 저는 달걀의 비린내를 싫어해 아이스크림에도 달걀을 사용하지 않는답니다. 녹차를 곱게 간 가루인 말차를 넣고 만들었으니 잘 어울릴 거예요.

종류 토쿠베츠쥰마이
도수 18%
지역 치바현

토쿠베츠쥰마이 원주를 사용해 상온에서 병입 후 10년간 숙성시킨 사케다. 건과류의 달콤한 단맛과 코 속에서 은은히 사라져 가는 향기, 여운이 긴 산미를 느낄 수 있다.

Ingredients

4인분

● 주재료

우유 250ml, 설탕 4T, 물엿 1T, 생크림 100ml, 말차 1T

Recipe

1 › 냄비에 우유, 설탕, 물엿을 넣고 중불로 서서히 녹인 후 식힌다.

2 › 볼에 생크림을 넣고 가볍게 거품을 낸 다음 말차를 작은 체에 쳐서 넣고 **1**과 함께 스패출라로 잘 섞는다.

3 › 스테인리스스틸 소재의 용기에 **2**를 붓고 냉동실에 넣어 굳힌다. 아이스크림에 공기를 넣기 위해 2시간 간격으로 2~3번 꺼내 거품기로 섞는다.

아이스크림에 술을 부어 함께 먹어보세요.
아이스크림의 단맛과 술의 짙은 감칠맛이 어우러져 맛있어요!

③

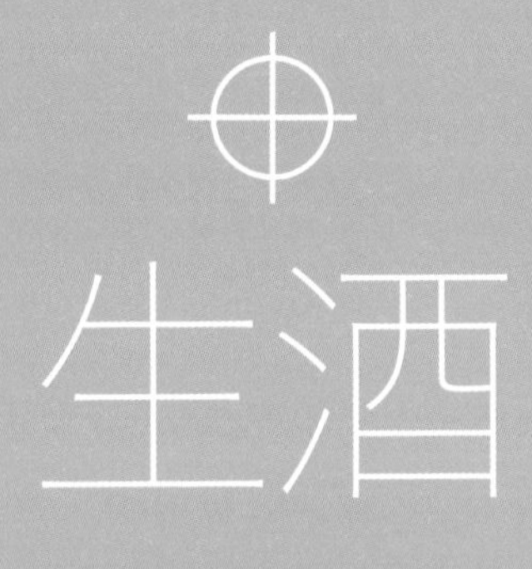

나마자케

사케는 기본적으로 2회 살균 과정을 거치지만, 나마자케는 생막걸리와 같이 전혀 열처리를 하지 않은 사케를 말합니다. 더불어 나마자케는 열처리, 가수 및 여과 작업을 하지 않은 술이 많기 때문에 알코올 도수가 높아 힘있으면서도 강한 과일 향을 즐길 수 있습니다.
단, 살균 작업을 하지 않은 생주의 특성상 발효 진행 속도가 빨라 반드시 냉장 보관하고 빠른 시간 내에 마시는 게 좋습니다.

***나마[생(生)]가 붙는 사케 종류**

- 나마자케(生酒) : 일절 열처리를 하지 않은 사케
- 나마즈메(生詰酒) : 저장 전에 1회 열처리한 사케
- 나마쵸조(生貯藏酒) : 생주로 저장한 사케를 병 주입 시 1회 열처리한 사케

방어회

사케 하면 회가 떠오를 정도로 공식 같은 궁합을 보이지요.
하지만 모든 회가 사케와 다 잘 어울리는 것은 아닌데요.
특히 기름진 생선은 어떻게 조리하는지에 따라 회와
사케의 궁합이 달라진답니다. 열심히 간 무를 넉넉히
얹으면 회의 새로운 맛을 느낄 수 있어요.

종류 쥰마이긴죠
도수 16.5%
지역 이바라키현

가장 처음 짜낸 사케를 여과하지 않고 그대로 담아 갓 짜낸 사케 특유의 탄산감과 쌀의 단맛, 약한 알코올이 느껴진다. 신선한 레모네이드 혹은 파인애플, 청포도를 닮은 상큼한 향기가 특징이다.

Ingredients

4인분

● **주재료**

방어 횟감 200g, 무 5cm, 시소(또는 깻잎) 적당량, 무순 ½팩

● **양념**

와사비 약간, 간장 1T

Recipe

1 > 손질된 방어는 결 반대 방향으로 1cm 두께로 회를 뜬다.

2 > 무는 껍질을 벗겨 강판에 간다.

3 > 시소와 무순은 씻어서 물기를 제거한다.

4 > 그릇에 갈아낸 무 ⅔를 깔고 회를 얹는다. 나머지 무와 시소, 무순을 올려 장식한다.

5 > 와사비와 간장은 따로 준비한다.

Tip

손질된 생선은 노량진 수산시장에서 구입할 수 있어요.

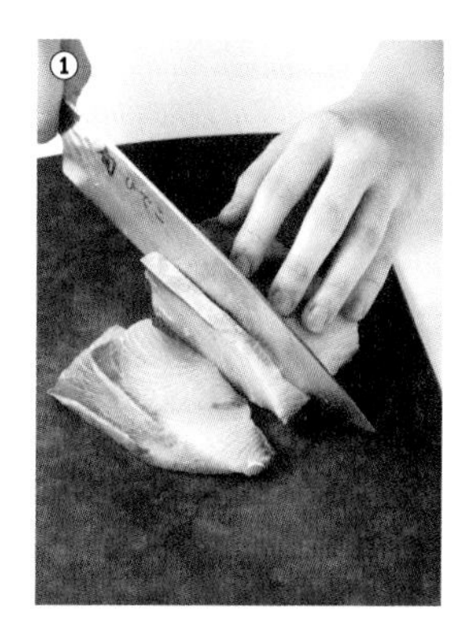

카망베르치즈와 사과

술안주는 술을 마시면서 만들 수 있을 정도로 간단해야 한다고 생각합니다. 물론 손님을 초대하는 근사한 자리를 마련할 때는 시간을 조금 투자해야 하지만요. 술자리의 마지막에 나마자케를 한 잔씩 마시면서 디저트 대신 카망베르치즈와 과일로 마무리하면 어떨까요?

종류 쥰마이
도수 16%
지역 야마구치현

은은한 향에 나마자케 특유의 신선한 감칠맛과 투명한 산미가 어우러진 사케로 여름의 제철 식재료와 궁합이 좋다. 사케치고는 드물게 온더록스로 마셔도 맛이 흐트러지지 않는다.

Ingredients 2~4인분

● **주재료**

카망베르치즈 1개, 사과 1개, 다진 호두 약간

Recipe

1 › 카망베르치즈는 먹기 좋은 크기로 자른다.

2 › 사과는 껍질째 0.5cm 두께의 반달 모양으로 자른다.

3 › 사과와 카망베르치즈를 순서대로 겹쳐놓고 다진 호두를 뿌려 완성한다.

시나몬 파우더를 살짝 뿌리면 더욱 향긋해요.

사과 대신 감이나 무화과를 이용해도 맛있어요.

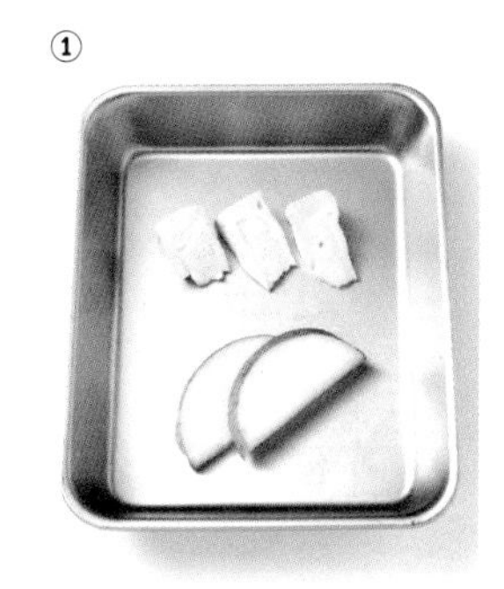
①

무굴 생채

매운맛이 연한 사케와 안 어울릴 것 같아서 많은 고민을 했는데요. 그래도 겨울이 되면 늘 만드는 안주를 나마자케와 맞춰봤어요. 원래는 스파클링 와인이나 소비뇽 블랑과 곁들여 먹었는데 탄산감이 있는 나마자케와도 잘 어울리네요. 한번 시도해보세요!

종류 다이긴죠
도수 14%
지역 니이가타현

4~9월에 출시되는 쿠보타의 계절 한정 사케로 섬세한 터치와 뚜렷한 감칠맛, 나마자케 특유의 싱그럽고 화려한 긴죠 향이 특징이다. 온화하고 부드러워 사케를 시작하는 사람들에게 추천한다.

Ingredients

2~3인분

● 주재료

굴 400g, 굵은 소금 적당량, 무 200g, 배 ½개, 밤 2개, 미나리 6줄기, 쪽파 6줄기, 잣 약간

● 양념

고춧가루 3T, 뜨거운 물 3T, 설탕 1T, 소금 1t, 다진 대파 1T, 다진 마늘 2t, 다진 생강 1t, 간장 1t, 참깨·참기름 약간씩

Recipe

1 › 굴은 굵은 소금을 넣고 살살 주물러 물로 헹군 후 물기를 뺀다.

2 › 무와 배, 밤은 얇게 채 썬다.

3 › 미나리 줄기 부분과 쪽파는 3cm 길이로 자른다.

4 › 볼에 양념 재료 중 고춧가루와 물을 섞은 다음 나머지 양념을 넣고 섞는다. 굴 등 재료를 모두 넣고 고루 버무린다.

양념을 더 맵게 해도 되지만 사케의 연한 향과 은은한 맛을 느끼기 위해서 히데코 스타일로 부드럽게 맞췄습니다!

①

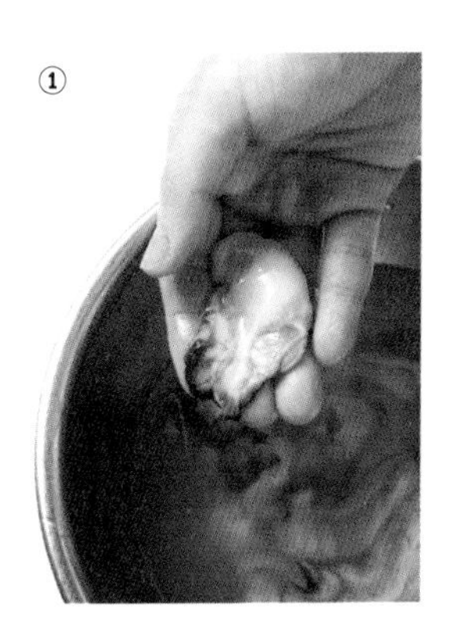

시칠리아식 새우와 케이퍼 볶음

이탈리아 남부 시칠리아 섬의 대표적인 반찬이에요. 원래 화이트 와인 안주로도 유명하지만 가벼운 뒷맛을 가진 나마자케에도 어울릴 것 같습니다. 그런데 어쩐지 시칠리아보다는 일본의 어떤 섬에서 먹을 것 같은 새우 요리가 탄생되었어요.

종류 쥰마이긴죠
도수 14%
지역 코우치현

코우치현에서 개발한 효모인 'CEL-24'를 사용한 사케로 화려한 향과 고급스러운 단맛이 특징. 서양배나 머스크멜론을 연상시키는 풍부한 단맛과 상큼한 신맛이 조화롭다. 차갑게 즐기는 것이 좋다.

Ingredients

2~3인분

● 주재료

새우 300g, 올리브유 2T, 완숙 토마토 1개, 드라이 화이트 와인 150ml, 케이퍼 1T, 다진 홍고추1T

● 양념

소금·후춧가루 약간씩, 이탈리안 파슬리 1T, 레몬즙 3T

Recipe

1 › 새우는 껍질과 머리를 모두 제거하고 달군 팬에 올리브유를 두른 후 중불로 볶아 소금으로 간한다.

2 › 토마토는 사방 2cm 크기로 썬다.

3 › 새우를 익힌 팬에 와인을 넣고 알코올이 날아가면 토마토, 케이퍼, 다진 홍고추를 넣고 2분 정도 볶다가 마지막에 소금, 후춧가루, 이탈리안 파슬리를 뿌리고 불을 끈다.

4 › 그릇에 담고 레몬즙을 뿌린다.

①

고등어 리예트

리예트는 고기를 오래 두고 먹기 위해 만들어진 프랑스의 전통 조리법이에요. 주로 돼지고기를 향신료와 같이 익혀서 굳힌 음식인데, 일본의 비스트로나 이자카야에서는 등 푸른 생선을 활용한 리예트를 쉽게 찾아볼 수 있어요. 집에서 손쉽게 만들 수 있는 레시피를 소개할게요!

종류 쥰마이다이긴죠
도수 15%
지역 토야마현

투명함 속 잔잔한 사과 향이 특징이다. 입에 넣으면 부드러운 향기가 잔잔하게 퍼지고 깃털처럼 부드러운 감칠맛이 느껴진다.

Ingredients — **1컵 분량**

● 주재료	● 허브	● 양념
고등어 350g(1마리), 마늘 2쪽, 우유 1컵, 파슬리 가루 약간, 빵 적당량, 올리브 적당량	로즈메리 1줄기, 타임 1줄기, 바질 3장, 월계수잎 1장	생크림 1T, 소금 1t, 마요네즈 4T, 후춧가루 약간

Recipe

1 › 고등어는 껍질째 살만 발라 준비한다. 마늘은 얇게 저민다.

2 › 냄비에 우유를 데우고 마늘, 고등어, 허브를 넣고 중약불로 서서히 끓인다. 2분 후 고등어를 뒤집어 고등어가 충분히 익을 때까지 끓인다.

3 › 고등어가 익으면 불을 끄고 조금 식혔다가 고등어와 허브, 마늘을 건져내고 고등어의 껍질을 제거한다.

4 › 볼에 고등어, 마늘을 넣고 잘게 으깬 후 양념 재료를 섞는다.

5 › 완성된 리예트에 파슬리 가루를 뿌려 장식하고, 빵과 올리브에 곁들여 먹는다.

고등어 대신 전갱이, 꽁치 등도 사용할 수 있어요.

①

Tip

간고등어를 사용할 때는 양념에서 소금을 빼주세요.

스페인식
도미소금구이

도미에 그냥 소금을 뿌려 구워도 되지만 좋은 나마자케를 구하면 생선 구이도 평소와 다르게 해보고 싶어지죠. 이 스페인식 도미구이는 많은 소금과 오븐이 필요하지만 도미의 새로운 맛을 느끼게 해줄 거예요. 아시아의 허브로 만든 소스를 뿌리고 신선한 나마자케와 같이 드셔보세요!

開運 純米 無濾過 生
카이운 쥰마이 무로카나마

종류 쥰마이
도수 17%
지역 시즈오카현

약한 탄산을 가지고 있는 사케로 매년 계절 한정으로 출시된다. 여과하지 않은 사케만이 가진 중후한 감칠맛과 상큼함이 절묘하게 어우러진다.

Ingredients

4인분

● 주재료

도미 1kg(1마리), 굵은 천일염 1kg, 물 5T, 생타임 3줄기
*이쑤시개

● 시소 비네그레트

시소 5장, 소금 ½t, 마늘 1쪽, 레몬즙 ½개 분량, 올리브유 ½컵, 와사비 약간

Recipe

1 › 오븐은 200℃로 예열한다.

2 › 블렌더에 시소 비네그레트 재료를 모두 넣고 굵게 간다.

3 › 도미는 내장과 비늘을 제거하고 물로 깨끗이 씻은 후 키친타월로 물기를 잘 닦는다. 배 속에 타임을 집어넣는다.

4 › 오븐 팬에 소금 500g을 깔고 가운데 도미를 얹는다. 남은 소금을 도미 위에 올리고 손으로 눌러가며 눈 부분을 제외하고 완전히 덮는다.

5 › 분량의 물을 소금 위에 고루 뿌린다.

6 › 오븐에서 35~40분간 구운 다음 이쑤시개를 꽂아 도미살이 붙어 나오지 않으면 꺼낸다.

7 › 시소 비네그레트를 곁들여 먹는다.

시소 대신 달래, 부추, 미나리, 바질 등 다양한 향신 채소로 소스를 만들어보세요.

고르곤졸라치즈와 케이퍼를 넣은 닭가슴살구이

고르곤졸라치즈는 보통 레드 와인의 안주라 여기는 고정관념이 있는데요. 최근 일본에서는 사케와 고르곤졸라치즈를 곁들여 먹는 것이 인기입니다. 닭 요리의 양념으로 사용하면 고르곤졸라치즈에 익숙하지 않은 사람들도 즐길 수 있지 않을까 기대합니다.

종류 쥰마이
도수 18.5%
지역 와카야마현

매끄럽게 넘어가는 감칠맛이 가장 큰 특징이다. 끝에 느껴지는 산미로 상쾌함을 연출한 무여과 나마자케다.

Ingredients

4인분

● 주재료

닭가슴살 4개, 안초비 8마리, 케이퍼 2T, 양파 1개, 고르곤졸라치즈 80g, 버터 1T, 올리브유 1T
*이쑤시개

● 양념

소금·후춧가루 약간씩, 파프리카 파우더 약간

Recipe

1 › 닭가슴살은 칼집을 넣어 포를 3장 뜬 후 칼등을 이용해 가볍게 두드려 평평하게 편다.

2 › 안초비는 손으로 잘게 찢고, 케이퍼는 곱게 다진다. 양파는 결대로 채 썬다.

3 › 포를 뜬 닭고기를 잘 펼쳐 소금, 후춧가루로 간한다. 아래쪽에 다진 케이퍼를 바르고 안초비와 고르곤졸라치즈를 얹어 돌돌 말아 이쑤시개로 고정한다.

4 › 달군 팬에 버터와 올리브유를 두르고 닭고기를 올려 표면이 노릇노릇하게 구워 꺼낸다.

5 › 같은 팬에 양파를 볶아 숨이 죽으면 **4**의 닭고기를 양파 위에 올리고 뚜껑을 덮어 중불로 3분 동안 찌듯이 굽는다.

6 › 뚜껑을 열고 소금, 후춧가루로 간을 하고 닭고기와 양파가 잘 섞이도록 볶아 불을 끈다.

7 › 파프리카 파우더를 뿌려 마무리한다.

고르곤졸라치즈 특유의 향이 싫으면 카망베르나 브리, 생모차렐라치즈로 만들어보세요.

①

오뎅 나베

찬바람이 불기 시작하면 생각나는 음식이 일본식 나베(전골 요리)입니다. 특히 제가 좋아하는 나베는 오뎅 나베예요. 이 책에서는 어렸을 때 엄마가 늘 만들어 주셨던 닭다리가 들어간 오뎅 나베를 소개합니다.

종류 쥰마이
도수 18%
지역 미에현

쌀 본연의 감칠맛과 신선함, 풍부한 산미로 섬세하고 깔끔한 맛이 매력적이다. 특히 마구로나 연어 등 맛이 강하고 짙은 생선류에 잘 어울린다.

Ingredients

4~6인분

● 주재료

무 10cm, 쌀 1T, 감자 3개, 여러 가지 오뎅 1봉지, 곤약 1봉지, 닭다리 4개, 삶은 달걀 4개, 겨자 약간

● 국물

가츠오 다시 1.5L, 요리용 사케 ½컵

● 양념

연한 간장 4T, 소금 ½T, 기호에 따라 설탕 1T

Recipe

1 > 무는 껍질을 벗겨 2cm 두께의 반달 모양으로 썬 후 쌀을 넣고 끓인 물에 3분간 데친다.

2 > 감자는 껍질째 찌고 뜨거울 때 껍질을 벗긴다.

3 > 오뎅과 곤약은 먹기 좋은 크기로 큼직하게 잘라 살짝 데친다.

4 > 전골 냄비에 가츠오 다시와 사케를 붓고 양념 재료를 더해 한소끔 끓인다. 무, 오뎅, 곤약, 닭다리, 삶은 달걀을 넣고 약불로 1시간 동안 서서히 끓인다. 이때 절대 넘치지 않도록 주의한다.

5 > 감자를 넣고 약불로 30분 더 끓인다.

6 > 냄비째 식탁에 올려 겨자를 곁들여 먹는다.

일본에서는 한국과 다르게 오뎅 나베에 국물을 많이 넣지 않아요. 먹을 때도 앞접시에 국물을 조금만 담아 오뎅 자체의 맛을 즐겨보세요.

가츠오 다시 레시피는 14p를 참고하세요.

시판되는 오뎅은 제맛이 안 나서 일본 식재료 전문점에서 일본식 오뎅을 구입하는 것이 좋아요.

①

○ **추천 이자카야**

- **나노하나**

서울시 마포구 동교로 38길 4 / 070-8614-1112

- **이자카야 하레**

서울시 서초구 중앙로28길 16 / 02-593-7319

- **이치에**

서울시 강남구 선릉로155길 23-3 / 070-4273-4087

- **쥬가정효**

부산시 해운대구 해운대로 620 라뮤에뜨 상가 3층 303호(시타딘호텔) / 051-741-3515

○ **협찬사**

- **니혼슈코리아**

서울시 성동구 성수일로4길 25 서울숲 코오롱 디지털 타워 B101 / 02-545-3251

- **바다숲**

충남 서산시 갈산1길 73 / 041-669-5884

- **ALBERTO**

서울시 서초구 강남대로 341 상원빌딩 831호 / 02-6091-0641

- **주식회사일로**

서울시 서초구 동광로10길 27-7 / 02-587-5048

- **지자케씨와이코리아**

경기도 성남시 수정구 성남대로1542번길 43-5 1층 / 070-7770-1777

- **CR트레이딩**

경기도 부천시 역곡로 457 스카이빌딩 4층 / 070-4700-3531

○

사케 감수 **김상철**

일본 동경농업대학교 양조학과 졸업
일본양조협회 키키자케시 과정 수료
서울대학교 일본어 캠프 사케 강의
SAKE SCHOOL OF KOREA(사케 강좌) 운영
현재 지자케씨와이코리아㈜ 대표사원
크래프트 사케 소매점 '지자케' 운영

지자케씨와이코리아(주)는 일본 전 지역에서 수작업으로
정성을 들여 만든 사케, 일본 소주, 우메슈 등을 수입해 판매하는
지자케·쇼츄 전문 수입 회사다.
각 거래처의 요리에 맞는 사케 제안 및 올바른 사케 지식을
전달하는 데 중점을 두고 영업하고 있다.

경기도 성남시 수정구 성남대로1542번길 43-5 1층
070-7770-1777
www.jizakecy.com

○ Index